职业教育行业规划教材

中小型局域网搭建与管理实训教程

（第2版）

杨泉波　主　编

李　杰　副主编

张　巍　主　审

电子工业出版社·

Publishing House of Electronics Industry

北京·BEIJING

内 容 简 介

本书以虚拟人物"小张"在工作中的成长过程为线索,将全书内容分为 5 篇——基础篇、入门篇、提高篇、深入篇、成就篇。内容上涵盖了网络工作的各个方面,共设计了 15 个项目,主要包括计算机网络的基础知识、组建 Windows 对等网络、连接到 Internet、局域网 IP 地址规划、综合布线系统方案设计、配置交换机、配置路由器、创建虚拟服务器、创建和管理域、创建和管理 DNS 服务器、架设和使用 DHCP 服务器、架设 Internet 信息服务器、局域网管理和网络安全、局域网故障分析与排除、使用网络工具软件。

本书主要以职业技术学校(院)计算机应用技术、计算机网络技术、电子商务、软件工程等专业学生为编写对象,以使学生"读得懂、学得会、钻得进",以让教师"好备课、好组织、好评价"为编写宗旨,弱化理论知识讲授,强调动手操作技能,对于那些希望通过计算机职业技能大赛提升办学水平的学校具有很强的指导意义。

图书在版编目(CIP)数据

中小型局域网搭建与管理实训教程 / 杨泉波主编. —2 版. —北京:电子工业出版社,2018.9

ISBN 978-7-121-33797-0

Ⅰ. ①中… Ⅱ. ①杨… Ⅲ. ①局域网—中等专业学校—教材 Ⅳ. ①TP393.1

中国版本图书馆 CIP 数据核字(2018)第 042157 号

策划编辑:关雅莉
责任编辑:裴 杰
印   刷:三河市兴达印务有限公司
装   订:三河市兴达印务有限公司
出版发行:电子工业出版社
         北京市海淀区万寿路 173 信箱   邮编   100036
开   本:787×1 092   1/16   印张:15.25   字数:390.4 千字
版   次:2011 年 9 月第 1 版
         2018 年 9 月第 2 版
印   次:2023 年 2 月第 9 次印刷
定   价:35.00 元

前　言

计算机新课程改革创新教材《中小型局域网搭建与管理实训教程》第 1 版于 2011 年 9 月出版以来，在全国各职业院校反响很不错。选用该版教材的各院校师生给主编提出了不少宝贵意见。在此表示诚挚的谢意。

四年多时间过去了，网络技术领域又有了新的发展。例如，微软宣布停止 Windows XP 系统的服务，与它几乎同一个时期推出的服务器操作系统 Windows Server 2003 相信不久的将来也要淡出市场。而以 Windows Server 2008 为代表的服务器操作系统，目前是中小型企事业单位应用最多的。

特别是职业院校纷纷把参加职业技能大赛当作本校的"高考"，一方面投入巨资购买了交换机和路由器设备，要求在专业课程中应用；另一方面迫切希望借助技能大赛促进师资队伍建设、切实提高学生技能水平。他们希望找到一本面向网络实际应用、并完成技能大赛初期教学的教材。《中小型局域网搭建与管理实训教材》第 2 版就是在这样的背景下诞生的。

相比第 1 版，本版仔细审核内容，严把质量关，紧贴"做中学，做中教"的职教理念，具体来说，有如下变化：

一是交换机和路由器配置部分修改较多，调整了任务的具体内容，使任务更容易在模拟器上练习、更容易在真机中实施，特别增加了测试、验证环节。具体地说，增加了用"超级终端"工具配置锐捷交换机的任务；增加了"用单臂路由实现不同 VLAN 之间通信"的任务；删除了"在交换机上启用生成树协议(STP)"的任务，代之以"用 ACLs 技术控制主机之间通信"的任务；删除"HDLC 协议配置"的任务，代之以"PPP chap 协议配置"的任务；删除了"配置静态 NAT（网络地址转换）"的任务，代之以"配置 NAPT 实现局域网计算机上网"的任务。

二是将"局域网安全"项目的两个任务整合到"局域网管理"项目的两个任务后面，将"局域网常见故障分析与排除"项目和"局域网软件故障分析与排除"项目合并，这样做，更有利于教师组织教学，有利于学生从整体上把握网络故障诊断和排除技术。在整合后的项目里，新增加了一个全新的学习任务，即"处理'能上 QQ，却不能域名解析'的故障"，对端口的关闭，重新组织内容，把天网软件防火墙改成更易组织教学的 Windows 高级防火墙。

三是将 Ping，tracert 工具从"局域网常见故障分析与排除"项目中独立出来，新增加 arp 和 netstat 两个工具，独立组成项目"使用网络工具软件"，并设计了非常容易实施的任务。新增加了一个全新的学习任务，即"验证 ARP 网关欺骗"。

四是将服务器配置部分的操作系统由原来的 Windows Server 2003 升级成 Windows

Server 2008，以满足技能大赛和实际应用的需要。与之相对应的是，将 DNS 服务器、DHCP 服务器、Web 服务器、FTP 服务器的配置也转换到 Windows Server 2008 平台上来。由于 Windows Server 2008 的安装包已经取消了流媒体服务器的配置组件，所以本版也相应地取消了架设流媒体服务器的项目。此外，这部分内容的配图方式也做了改动，以适应版面的需要。

五是由于有部分学校开设有综合布线的课程，所以虽然保留了"综合布线系统方案设计"的项目，但重新组织了学习材料，精简了篇幅，工程设计标准也由原来的 GB50311-2007 升级为 GB50311-2016。

六是修改了部分理论知识。例如计算机网络的分类方式，增加了按工作模式分类的内容，以达到项目 2 和项目 9 前后呼应之目的。夯实了部分理论知识，例如 VLSM（可变长子网掩码）、TCP/IP 的基础知识等。根据部分学校建议，为适应新的教学标准，在项目 1 中增加一节"数据通信基础知识"理论教学内容。

本书第 2 版中提供了大量的动画资源，以激发学生的学习兴趣，促进学生学习。同时提供了大量素材，方便教师组织课堂教学。

全书编写体例不变，教学学时分配如下：

项　　　目	理论学时	操作学时	合计学时
项目 1 计算机网络的基础知识	4	0	4
项目 2 组建 Windows 对等网络	2	6	8
项目 3 连接到 Internet	0	2	2
项目 4 局域网 IP 地址规划	1	1	2
项目 5 综合布线系统方案设计（有条件选学）	2	4	6
项目 6 配置交换机	2	6	8
项目 7 配置路由器	2	6	8
项目 8 创建虚拟服务器	1	2	3
项目 9 创建和管理域	1	5	6
项目 10 创建和管理 DNS 服务器	2	2	4
项目 11 架设和使用 DHCP 服务器	1	1	2
项目 12 架设 Internet 信息服务器	2	4	6
项目 13 局域网管理和网络安全	2	2	4
项目 14 局域网故障分析与排除	2	2	4
项目 15 使用网络工具软件	2	3	5
合计	26	46	72

本版的正式出版与发行，有赖于多所职业院校资深教师的共同努力，本书由杨泉波统稿并担任主编，李杰担任副主编，张巍担任主审。具体分工如下：陈凯编写项目 1、钟昌振编写项目 2、杨晓丽编写项目 3、张月芬编写项目 4、王茜编写项目 5、杨泉波编写项目 6、项目 7、周振瑜编写项目 8、黄华编写项目 9、李杰编写项目 10、钟海刚编写项目 11、祖娟编写项目 12、彭允编写项目 13、张巍编写项目 14、施朝蓉编写项目 15、马博樊编写附录 A、B。

由于时间仓促，编者水平有限，书中难免有疏漏和错误之处，敬请读者和专家提出指导意见（QQ:196877591）。

编者

目 录

基础篇 计算机网络概述

入门篇 搭建小型局域网

提高篇　搭建中型局域网

深入篇　创建与配置网络 服务器

成就篇　管理和维护局域网

基础篇

计算机网络概述

项目 1

计算机网络的基础知识

 任务 1 **掌握计算机网络的概念和功能**

1. 计算机网络

计算机网络是现代通信技术与计算机技术相结合的产物。所谓计算机网络，就是把分布在不同地理区域的计算机与专门的外部设备用通信线路互连成一个规模大、功能强的网络系统，从而使众多的计算机可以方便地互相传递信息，共享硬件、软件、数据信息等资源。通俗来说，计算机网络就是通过电缆、电话线或无线介质等互连的计算机的集合。

2. 计算机网络的功能

（1）数据通信。利用计算机网络可实现各计算机之间快速可靠地互相传送数据，进行信息处理，如传真、电子邮件（E-mail）、电子数据交换（EDI）、电子公告牌（BBS）、远程登录（Telnet）与信息浏览等通信服务。数据通信是计算机网络最基本的功能。

（2）资源共享。资源共享包括硬件、软件和数据资源的共享，这是计算机网络最主要和最有吸引力的功能。

任务 2 **掌握计算机网络的分类**

计算机网络的分类方式有很多，可按距离范围、网络性质、拓扑结构、传输介质、工作模式将网络分成不同的种类，分述如下。

1. 按距离范围分类

（1）广域网（Wide Area Network，WAN）：范围可达几千千米乃至上万千米，横跨洲际。Internet 就是典型的广域网，也是世界上最大的广域网。

（2）城域网（Metropolitan Area Network，MAN）：在一个地区、一个城市或一个行业系统使用，分布范围一般在十几千米到上百千米。

（3）局域网（Local Area Network，LAN）：分布范围一般在几米到几千米之间，最大不超过十千米，如宿舍网、办公室网、校园网等。

2．按拓扑结构分类

网络的拓扑结构，是计算机网络连接使用传输介质所构成的几何形状，它表示网络服务器、工作站的网络配置和相互之间的连接关系。常见的网络拓扑结构如下。

（1）星形拓扑，如图 1-1 所示。这种结构以中央节点为中心，执行集中式控制。这种网络又称为集中式网络，它很容易在网络中增加新节点，容易实现网络监控，容易控制数据的安全性和优先级。但是，一旦中心节点出现故障，则全网瘫痪。这种结构适用于局域网。

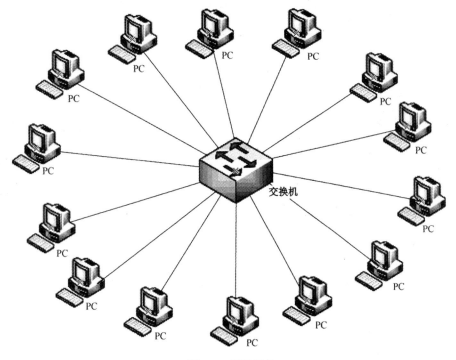

图 1-1　星形拓扑

（2）环形拓扑，如图 1-2 所示。它是将网络节点连接成闭合的、环形的结构。信号顺着闭合环的一个方向从一台设备传到另一台设备，每一台设备都配有一个收发器，信息在每台设备上的延时时间是固定的，网络中的计算机将属于自己的信息收下。这种结构特别适用于实时控制的局域网系统，容易安装和监控。但是其容量有限，增加新站点困难，一个工作站发生故障，整个网络都将瘫痪，且故障诊断困难。

（3）总线形拓扑，如图 1-3 所示。所有站点共享一条数据通道，这种结构中总线具有信息的双向传输功能。其安装简单方便，需要铺设的电缆短，成本低廉，某站点出现故障不会影响到整个网络。

（4）树形拓扑，如图 1-4 所示。它是从总线形拓扑演变而来的，形状像一棵倒置的树，顶端是树根，树根以下带分支，每个分支还可再带子分支。这种结构扩展容易，故障隔离也较容易，但是各个节点对根的依赖性太大。

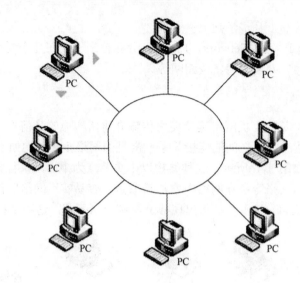

图 1-2 环形拓扑

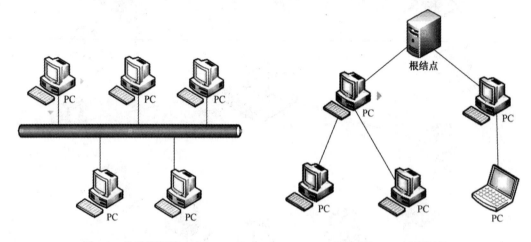

图 1-3 总线形拓扑　　　　　　　　　　图 1-4 树形拓扑

3．按传输介质分类

（1）同轴电缆网。计算机网络上使用的同轴电缆又分为粗缆和细缆。粗缆传输距离长，性能高。同轴电缆网需要 T 形头和 BNC 接口网卡，常用于总线形拓扑结构局域网，目前已经不多见。

（2）双绞线网。计算机网络上使用的双绞线按其传输速率分为三类线、五类线、六类线、七类线，传输速率为 10～1000Mb/s，双绞线电缆的连接器一般为 RJ-45（也就是俗称的"水晶头"）。双绞线网的不足之处集中体现在传输距离有限，一般不超过 100m，所以常在局域网中使用。

（3）光纤网。光纤由两层折射率不同的材料组成。光纤的传输速率可达到每秒几百兆位。光纤的优点是不会受到电磁的干扰，传输的距离也比电缆远，传输速率高。光纤的安装和维护比较困难，需要专用的设备，这也限制了它的使用。

（4）无线网。采用无线介质连接的网络称为无线网。目前，无线网主要采用四种介质：微波、红外线、蓝牙和激光。无线网主要用在长距离通信，以及不便于敷设电缆和光缆的地方。

4．按网络性质分类

（1）专用网：如用于军事的军用网络，用于教育领域的教育网，用于银行的金融网等。

（2）公共网：如基于电信系统的公用网络。

5．按工作模式分类

计算机网络按工作模式进行分类，可以分成三种，即专用服务器网、客户机/服务器网、对等网。

（1）专用服务器网（Server-Based）：把若干台微机与一台或多台文件服务器通过通信线路连接起来，存取服务器文件，共享存储设备。这种网络的缺点是：微机数量较多或用户运行程序较多的情况下，网络的传输负荷重，共享的存储设备成为网络性能的瓶颈，用户体验不佳。

（2）客户机/服务器网（Client/Server，C/S）：这种网络是数据库技术的发展和普遍应用与局域网技术发展相结合的结果。这种网络的重心在服务器上。这种服务器有时称为数据库服务器，它专注于数据定义、存取安全、备份及还原、并发控制及事务管理，执行诸如选择检索和索引排序等数据库管理功能，它把通过其处理后用户所需的那一部分数据而不是整个文件通过网络传送到客户机中，从而减轻了网络的传输负荷。

（3）对等网（Peer to Peer）：这种网络里，节点之间没有隶属关系或主从关系，地位对等。其中，各主机独立管理自身的硬件资源和软件资源，一台主机既可充当客户机，也可充当服务器。在有的地方，对等网也称为"工作组网"，这种网络的主要缺点是文件管理分散，安全性不高，但优点是组网方便。

任务 3　掌握计算机网络的软硬件构成

计算机网络系统由网络硬件和网络软件两部分组成。

1．网络硬件构成

网络硬件是网络系统的物质基础，是网络运行的载体。它由下列几大部分组成。

扫一扫观看
教学视频

（1）服务器：负责运行网络管理系统，提供各种服务，如域名服务、数据库服务、动态 IP 地址分配服务、网站服务等。

（2）工作站：一般由微型机担任，它连接到网络上，使用服务器提供的资源。

（3）网卡（即"网络适配器"）：负责计算机主机与网络介质之间的连接、数据的发送与接收，以及介质访问控制。

（4）传输介质：负责将各独立的计算机系统连接在一起，并为它们提供数据通道，可分为有线传输介质（如双绞线、光纤、同轴电缆等）、无线传输介质（如红外线、微波等）。

（5）网络中转设备：负责在两台计算机之间进行数据转发、类型转换、

扫一扫观看
教学视频

寻找传送路由等，如集线器、交换机、路由器、调制解调器等。

扫一扫观看
教学视频

2．网络软件构成

网络软件全面管理、调度和分配网络资源，并根据一定的安全策略，分配用户访问相应的信息。它由以下几大部分组成。

（1）网络操作系统：负责管理和调度网络上的硬件和软件资源，使各个部分能够协调一致的工作。常见的网络操作系统有 Windows NT、Windows Server 2003/2008/2012/2016、UNIX、Linux 等。

（2）网络通信协议：通信协议实质上是一组规则，它定义了通信双方的电气信号特点。常见的网络通信协议有 TCP/IP、SPX/IPX、NetBEUI 等。

（3）网络工具：用来扩充操作系统功能的软件，如浏览器、断点下载工具、即时信息工具等。

任务 4　掌握局域网概念和功能特点

1．局域网

局域网是在小型计算机与微型机上大量推广使用之后逐步发展起来的一种使用范围最广泛的网络，指在某一区域内由多台计算机互连成的计算机组。它一般用于短距离的计算机之间的数据、信息传递，属于一个部门或一个单位组建的小范围网络，其成本低、应用广、组网方便、使用灵活，深受用户欢迎，是目前计算机网络发展中最活跃的分支。

2．局域网的功能

（1）资源共享。资源共享包括硬件资源共享、软件资源共享及数据资源共享。在局域网中，各用户可以共享昂贵的打印机、绘图仪、扫描仪、海量存储器等硬件资源，用户也可共享局域网中的系统软件和应用软件，避免重复投资及重复劳动。在这个信息爆炸的时代，数据信息往往保存在大型甚至超大型数据库中，局域网用户无需单独投资来创建和收集，可以在授权的情况下连接并使用数据库信息。

（2）数据和文件传送。数据和文件的传输是网络的重要功能，现代局域网不仅能传送文件、数据信息，还可以传送声音、图像。

（3）提高计算机系统的可靠性。在工业过程控制、实时数据处理等场合中，计算机系统的可靠性显得非常重要，需要进行灾难备份。当局域网中的计算机出现故障导致系统瘫痪时，可以迅速打开网络中的后备计算机继续工作，大大提高了系统的可靠性。

（4）分布处理。在气象预报、卫星遥感、环境监测等需要大量复杂计算的场合中，利用网络技术能将多台计算机连接成具有高性能的计算机系统，结合分布式数据库系统，通过一定算法，将较大型的综合性问题分给不同的计算机完成，使整个计算机系统的性能大大提高。

3．局域网的特点

局域网与广域网不同，它一般限制在一定距离区域内。一般所说的局域网是指以微机为主组成的局域网，具有以下主要特点。

（1）通信速率较高。局域网络通信传输率为百万比特每秒。从早期的 5Mb/s、10Mb/s 到目前广泛使用的 1000Mb/s。

（2）通信质量较好。其具体体现在延迟低、传输误码率低。

（3）支持多种通信传输介质。根据网络本身的性能要求和环境要求，局域网中可使用多种通信介质，如电缆（细缆、粗缆、双绞线）、光纤及无线信号等。

（4）局域网络成本低，安装、扩充及维护方便。局域网一般使用价格低而功能强的微机作为工作站。而网络拓扑结构普遍采用以交换机为中心的星形结构，使得局域网的安装较简单，可扩充性好。

（5）局域网可实现数据、语音、视频、图像等多种媒体的快速传输，这正是办公自动化所需求的。

（6）局域网的地理范围有限，网内计算机台数有限，一般为某一单位或部门所有，不受公众互联网影响和控制。

（7）可通过专用通信链路，将局域网扩充成更大范围的城域网乃至广域网。

 掌握数据通信系统基础知识

1．通信系统

通信系统是用于完成信息传输过程的技术系统的总称。现代通信系统主要借助电磁波在自由空间的传播或在导引媒体中的传输机理来实现。前者称为无线通信系统，后者称为有线通信系统。

2．通信系统的模型

根据信息传输的过程，可将通信系统的各个环节抽象成如图 1-5 所示的模型。

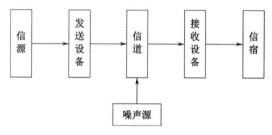

扫一扫观看教学视频

图 1-5　通信系统模型

（1）信源。信源的作用是把原始的消息转换成电信号，完成从非电到电的转换。

（2）发送设备。发送设备也称变换设备，它对原始电信号进行某种变换，使之能在信道中传输。

（3）信道。信道就是信号传输的通道，更为通俗的名称是"传输介质"，它为信号传输提供了通路，是沟通通信双方的桥梁。

（4）噪声源。通信系统不可避免地存在着噪声干扰，如雷达波干扰、工业噪声干扰、电子热运动的热噪声、电子非线性处理引起的噪声等，可将这些等效于作用在信道上的一个噪声源，一起在信道中传输。

（5）接收设备。接收设备也称反变换设备，它把接收到的信号反向变换，转换成原始的电信号。

（6）信宿。它将复原后的原始电信号转换成消息，完成电到非电的转换。

3．通信系统的分类

（1）按通信业务（即所传输的信息种类）的不同，可分为电话、电报、传真、数据通信系统等。

（2）按信号变化特点的不同，可分成模拟通信系统（信号是连续不断的，如电话系统）和数据通信系统（信号在时间上离散，其幅度取值也离散，如电报系统）。

（3）按照信号在信道中的传输方向，可分为单工通信、半双工通信、全双工通信三种。

① 单工通信，信息只能沿一个方向传输。虽然能够传输逆向的应答监视信号，但是不能在反方向传输信息。电视机、收音机就类似于这种"单行道"的通信。单工通信示意如图 1-6 所示。

扫一扫观看
教学视频

图 1-6　单工通信示意图

② 半双工通信，信息可沿两个方向交替传输，但同一时刻只能向一个方向传输。由于发送方向在不断变换，因此传输效率会降低。无线电收发两用机，以及银行的联机系统就类似于这种"单向交互通行道"的通信。半双工通信示意如图 1-7 所示。在某时刻，电路中的单刀双掷开关位于 a 和 d，信号只能从左到右传输；在另一时刻，电路中的单刀双掷开关位于 b 和 c，信号只能从右到左传输。

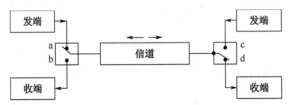

图 1-7　半双工通信示意图

③ 全双工通信，信息可沿两个方向同时传送，相当于两个相反方向单工信道的组合。由于在两个方向均可同时传送信息，因此传送效率大大提高了。电话通信、宽带上网就类似于这种"双向通行道"的通信。双工通信示意如图 1-8 所示。

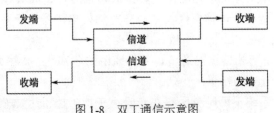

图 1-8　双工通信示意图

4．数字通信系统和数据通信系统

数字通信（Digital Communication）是用数字信号作为载体来传输消息，或用数字信号对载波进行数字调制后再传输的通信方式。它可传输电报、数字数据等数字信号，也可传输经过数字化处理的语音和图像等模拟信号。

数字通信系统（Digital Communication System）是利用数字信号传输信息的系统，是构成现代通信网的基础。

数据通信（Data Communication）是通信技术和计算机技术相结合而产生的一种新的通信方式，它是通过传输信道将数据终端与计算机连接起来，而使不同地点的数据终端实现软、硬件和信息资源共享的通信方式。

数据通信系统（Data Communication System）指的是通过数据电路将分布在远地的数据终端设备与计算机系统连接起来，实现数据传输、交换、存储和处理的系统。

数字通信系统和数据通信系统在概念上是有区别的。其区别主要在于业务类型上。前者主要提供数字化的数据服务，传送的主要是数字化的数据信息（即离散的二进制数字信号序列）。而后者的服务类型除数字化数据之外，还包括语音（如电台广播）、视频（如电视网）等模拟数据。

它们之间的联系是，数字通信系统是数据通信系统的子集。

项目学习评价

学习评价

到此为止，本项目已经学习完毕。表 1-1 列出了项目学习中的重要知识和技能点，试着评价一下，查看学习效果。

表 1-1　重要知识和技能点自评

知识和技能点	学习效果评价
掌握计算机网络的概念	□好　□一般　□较差
掌握计算机网络两大功能	□好　□一般　□较差
掌握计算机网络的常用分类方法	□好　□一般　□较差
掌握计算机网络的软硬件构成	□好　□一般　□较差
掌握常用的网络拓扑结构及其特点	□好　□一般　□较差
掌握局域网的功能特点	□好　□一般　□较差
掌握通信系统的模型和分类	□好　□一般　□较差

思考与练习

一、名词解释

1．计算机网络

2．局域网

二、填空题

1．计算机网络是_____技术与_____技术相结合的产物。

2．计算机网络最主要的功能有_____和_____。

3．局域网可使用的传输介质有_____、_____、_____等。

4．局域网的拓扑结构有_____、_____、_____、_____等。

5．_____就是信号传输的通道，更为通俗的名称是"传输媒质"。

6．类似于"单向交互通行道"的通信方式是_____。

三、简答题

1．计算机网络的主要功能有哪些？请举例说明。

2．计算机网络按地理范围有几种类型？各有何特点？

3．局域网有哪些特点？

4．简述网络拓扑结构及其特点。

5．用图形的方式描述通信系统的模型。

搭建小型局域网

小张成功应聘为一家公司 IT 部的职员，专门从事公司计算机信息管理、维护的工作。

作为一名刚出校门的学生，小张深知，自己的知识和技能离公司对自己的要求还有不小的距离。上班的第一天，IT 经理就找他谈话：

"小张，作为你的上司，作为比你大的朋友，我送你三句话：学会吃苦、学会动脑、学会学习。希望你在公司每一次重要技术活动中，一步一个脚印，走稳，走好。"

小张掏出笔记本，郑重地记下了经理刚才的忠告。

项目 2

组建 Windows 对等网络

　　财务部是刚组建的一个新部门。由于办公室是新建的，没有任何网络设备设施，部门员工在计算机之间进行文件共享时只能用 U 盘传递，非常不方便，甚至一度造成病毒横行。而且，财务部要打印账单，也只能到隔壁办公室去打印。这不，财务经理找上门"诉苦"来了……

　　IT 部经理找到小张，把这个光荣而艰巨的任务交给了他。

　　小张经过实地调查，结合财务经理的描述，他这样来分析：现在他们共有 5 台计算机，只能单机使用；需要构建一个网络，使某些办公文件可以在内部共享，并且可以共用一台打印机；由于已经安装了操作系统，并且已经可以单机工作了，表明计算机已经可以成为网络中的一个节点了；计算机之间没有管理与被管理的关系，每台都可以凭账户和密码进行单独管理，需要查看部门内其他计算机上的文件时，才有网络访问需求。小张断定，这需要组建一个对等网。

 项目背景

　　对等网也称"工作组网"。对等网采用分散管理的方式，功能上无主从之分，网络中的每台计算机既可作为客户机又可作为服务器来工作，每个用户都各自管理本机上的资源。

　　在对等网中，计算机的数量通常不会超过 10 台，非常适合家庭、宿舍和小型办公室。它不仅投资少，连接和设置也很容易。

 项目描述

　　虽然对等网的网络结构比较简单，但根据具体的应用环境和需求，对等网因其规模和传输介质类型的不同，其实现的方式也有多种。在整个组网过程中，总体来说可以分为如下几个步骤。

　　（1）选购网卡。

　　（2）安装网卡及其驱动程序。

　　（3）制作双绞线跳线。

　　（4）用交换机组建对等网，如果情况特殊，需要用无线作为有线方式的补充。

（5）设置对等网。

（6）设置和使用共享资源。

任务1　选购网卡

任务描述

网卡是"网络接口卡（Network Interface Card）"的简称，学名为"网络适配器（Network Adapter）"，它是计算机与网络之间的桥梁，是组建局域网不可缺少的设备。本任务旨在根据传输带宽、总线类型、网络接口类型的要求，选择合适的网卡。

任务准备

（1）了解网卡的功能。

（2）了解网卡的分类。

（3）了解网卡的结构。

操作指导

网卡选购建议如下。

（1）从系统资源利用率上来看，ISA 总线接口的网卡由于占用 CPU 资源过多，现在几乎全部退出了市场。PCI 总线网卡工作时，占用 CPU 资源要小得多，尤其是在一些在线点播、语音传输、IP 电话的业务上，这点特别明显。PCI-X 是 PCI 总线的一种扩展架构，如果 PCI-X 设备没有任何数据传送，总线会自动将 PCI-X 设备移除，以减少 PCI 设备间的等待周期。所以，在相同的频率下，PCI-X 将能提供比 PCI 高 14%～35%的性能。目前，服务器网卡经常采用此类接口的网卡。新型的 PCI-E 总线网卡，采用点对点的串行连接方式，不用像 PCI 设备一样需要分占主板总线带宽，其数据传输速率目前最高可达 8Gb/s，采用 PCI-E 接口的网卡多为千兆网卡。

（2）从接口类型上来看，RJ-45 接口的网卡占据了桌面应用的主流，BNC 和 AUI 接口的网卡在局域网中越来越少用到。但如果是用到核心服务器上，由于它直接与核心交换机或路由器连接，带宽要求远比桌面计算机高，所以要考虑购买具有 SFP$^+$接口（10Gb 光纤接口）的网卡。

（3）从传输速度上看，桌面应用要先选用 1000Mb/s 网卡，但是，如果网络环境比较复杂，最好选用 10/100/1000Mb/s 自适应网卡。服务器则一定要选用 1000Mb/s 网卡甚至 10000Mb/s 网卡。如果计算机需要经常移动，则最好选择一款 USB 接口的无线网卡。目前，基于 IEEE 802.11n 协议，传输速率为 300Mb/s（理论速率最高可达 600Mb/s）的无线网卡是主流选择，其稳定性较好。

（4）从质量上看，大品牌的网卡都有屏蔽紫外线照射的包装袋、驱动盘、说明书、质保卡等物件，卡上相应位置标有网卡的 MAC 地址。目前，市面上的大品牌网卡有 TP-Link、D-Link、UCOM、Lantech、Topstar 等。

知识链接　网卡的功能、分类及结构

1．网卡的功能

网卡的功能主要有以下两个。

（1）将需要传送的数据封装为帧，并将该帧发送到网络上。

（2）接收网络上其他设备传送过来的帧，重新组合成数据，发送到所在的计算机中，由CPU进行处理。

2．网卡的分类

网卡分类方法有多种。

（1）依据传输速率，网卡可分成 10Mb/s、100Mb/s、1000Mb/s、10/100/1000Mb/s 自适应以太网卡、10000Mb/s 以太网卡五种。

（2）依据网络接口，网卡可分成 RJ-45 接口网卡、BNC 接口网卡（细同轴电缆用）、AUI 接口网卡（粗同轴电缆用）、FDDI 接口网卡（光纤用）、ATM 接口（ATM 网络）网卡。有些网卡提供了多种网络接口，具有适应多种网络的能力，如图 2-1 所示某网卡，就集成了 RJ-45、AUI 和 BNC 三种网络接口。

图 2-1　某网卡的多种网络接口

（3）依据网卡所使用的总线接口类型，网卡又可以分成 PCI-E 总线网卡（图 2-2）、PCI 总线网卡（图 2-3）、PCI-X 总线网卡（用在专用服务器上，图 2-4）、PCMCIA 总线网卡（用在笔记本式计算机上，图 2-5）、USB 总线网卡（图 2-6）。

图 2-2　PCI-E 总线网卡

图 2-3　PCI 总线网卡

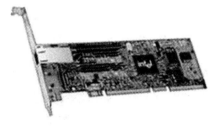

图 2-4　PCI-X 总线网卡　　　　　图 2-5　PCMCIA 总线网卡　　图 2-6　USB 总线接口网卡

（4）依据所使用的传输介质，网卡可分为有线网卡和无线网卡。有线网卡由于其传输速率的优势，在用户中占有很大比例。无线网卡又分成内置式无线网卡（图 2-7）和外置式无线网卡（图 2-8）。

图 2-7　内置式无线网卡　　　　　　　　图 2-8　外置式无线网卡

3．网卡的结构

一块典型的 PCI 网卡，包括以下几大组成部分：印制电路板、主芯片、网络变压器、金手指（总线插槽接口）、BOOTROM（启动芯片接口）、EEPROM、晶振、RJ-45 接口、指示灯、固定片等，以及一些二极管、电阻、电容等组成。主芯片是网卡的核心元器件，一块网卡性能的好坏和功能的强弱，主要看这块芯片，网卡结构如图 2-9 所示。

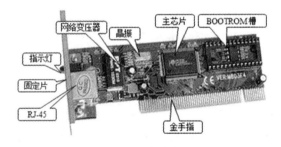

图 2-9　网卡结构图

任务 2　安装网卡及其驱动程序

扫一扫观看
教学视频

任务内容

（1）学习安装独立网卡。

（2）学习安装网卡驱动程序。

任务描述

网卡（图 2-10）是计算机连接到网络的第一道关口，它是组成局域网络最基本的设备。安装网卡分成硬件安装及驱动程序安装两步。由于 10/100Mb/s 网卡大都是基于 PCI 插槽的，所以下面以 PCI 接口网卡安装为例进行介绍。

任务准备

（1）PCI 网卡一张，并准备好驱动程序。

图 2-10　PCI 总线网卡

（2）每人一台不带网卡的、已经安装好 Windows 2000/XP/7/8/10/2003 的计算机。

（3）带磁性的螺钉旋具一把，直径 4mm 螺钉一颗。

操作指导

（1）如果计算机已经打开，则应先关闭，再在工作台上打开机箱盖子。

（2）找到一个空闲的 PCI 插槽，并用螺钉旋具拧下机箱后面对应处的挡板（防尘片），露出长条形小方孔，如图 2-11 所示。

图 2-11　主板 PCI 插槽

（3）从包装袋中取出网卡，将金手指对准 PCI 插槽，垂直方向稍稍用力，将网卡插入。

（4）如果金手指安装到位，此时，就可以把网卡通过固定片用 4mm 螺钉固定在机箱上了。安装好网卡后的情形如图 2-12 所示。

图 2-12　固定螺钉

小提示：如果安装的是一款旧网卡，就要确保金手指与主板插槽接合牢固。长时间不用的网卡，金手指上往往会覆盖有一层保护膜，导致其与主板接合不好。可以用橡皮擦反复擦拭金手指，直到金手指光亮为止。

（5）合上机箱盖子，重新打开电源，登录到 Windows，准备好驱动程序，安装网卡驱动。

在桌面上右击"计算机"图标，在弹出的快捷菜单中选择"属性"选项，打开"系统属性"对话框，在对话框中进行操作。操作过程如图 2-13～图 2-20 所示。

图 2-13　系统属性

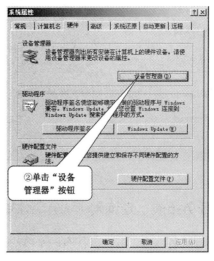

图 2-14　设备管理器

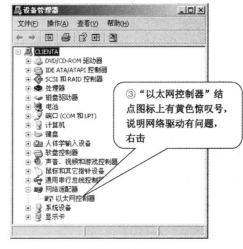

图 2-15　查看设备管理器

图 2-16　更新驱动程序

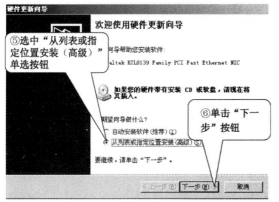

图 2-17　硬件更新向导

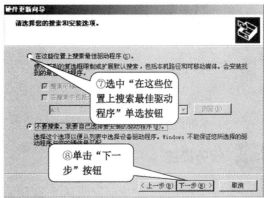

图 2-18　安装选项

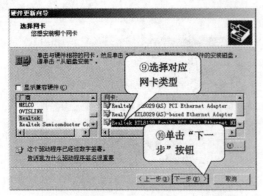

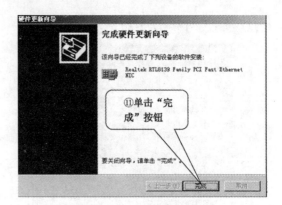

图 2-19　选择网卡　　　　　　　　　　　　　图 2-20　完成安装

 任务拓展　查询网卡 MAC 地址

不管哪种网卡，出厂后都有一个唯一的标识，这就是 MAC 地址，也称物理地址（Physical Address）。它由 48 位二进制数组成，分成 6 段，用十六进制数表示，如类似"00-24-7E-13-23-8E"的一串字符。连接到网内的计算机称为主机，每台主机就凭这个 MAC 地址在网络上与其他主机相互区分，相互通信。

在命令提示符下输入"ipconfig/all"，按 Enter 键，显示的信息中就包含了网卡的 MAC 地址，如图 2-21 所示。

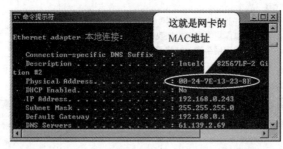

图 2-21　用"ipconfig /all"命令查看 MAC 地址

任务 3　制作与测试双绞线跳线（网线）

任务内容

（1）掌握直通双绞线跳线的制作方法。
（2）掌握跳线制作工具和测试工具的使用方法。

任务描述

双绞线从结构上分成非屏蔽双绞线（Unshielded Twisted Pair，UTP）和屏蔽双绞线（Shielded Twisted Pair，STP）两种。非屏蔽双绞线最为常见，它将 8 根或 4 对铜芯线包裹在绝缘塑料外皮里，每两根相互缠绕，形成 4 对绞线，双绞线也因此而得名。8 根线的颜色分别为白橙、橙、白蓝、蓝、白绿、绿、白棕、棕，如图 2-22 所示。

　　作为中小型局域网最重要的传输介质，双绞线扮演着重要角色，即把主机信号向网络中心节点传输。双绞线必须通过 RJ-45 连接头端接后才能与网卡等设备连接。所以用户通常所说的网线，实际上应该叫做双绞线跳线。

　　RJ-45 连接头（俗称水晶头，如图 2-23 所示）是用双绞线将网络中的网卡、交换机等设备连接在一起的连接头。它前端有 8 个凹槽，简称 8P；槽内嵌有 8 个金属片，简称 8C。序号规则如下：水晶头塑料弹片朝下，金属片朝向自己，从左至右依次编号 1～8。

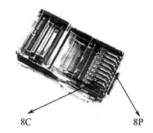

8C　　8P

①②③④⑤⑥⑦⑧

图 2-22　双绞线　　　　　　　　　　　图 2-23　水晶头

　　双绞线跳线制作就是用工具将线内铜缆，通过一定的规则，与槽内 8 个金属片接合牢固，该过程在工程布线领域叫作"端接"。为减小干扰，提高传输质量，双绞线与 RJ-45 水晶头连接必须遵循一定的标准。EIA/TIA 规定了两个标准，即 EIA/TIA 568A 和 EIA/TIA 568B 标准。无论选用哪种标准，只要线的两端使用一样的线序，都称为直通双绞线。

　　本任务就是按照工程上常用的 EIA/TIA 568B 标准，制作并测试直通双绞线跳线。

 任务准备

　　（1）5 类或超 5 类非屏蔽双绞线若干。

　　（2）RJ-45 连接头两只。

　　（3）压线钳一把，如图 2-24 所示。

　　（4）测线仪（又名"对线器"）一台，如图 2-24 所示。

压线钳

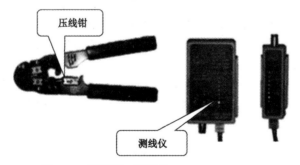

测线仪

图 2-24　压线钳、测线仪

 操作指导

1. 制作双绞线

　　（1）剪取一定长度的双绞线，利用压线钳的剥线口将线的护套皮除去约 2cm。

扫一扫观看
教学视频

（2）进行分布线对的操作。小心剥下每一线对，按橙、蓝、绿、棕四种颜色分成四组，按照下列线序从左到右排好线序，如图 2-25 和图 2-26 所示。

白 橙　白 蓝　白 绿　白 棕
橙　　蓝　　绿　　棕

图 2-25　剥开后的 4 对双绞线（1）

图 2-26　剥开后的 4 对双绞线（2）

（3）用拇指和食指将线压平，但小心不要将线扯断。再将"白蓝""蓝"线交换一下顺序，按 568B 标准跳线如图 2-27 所示。

（4）再将"白绿"线跳过"蓝"线和"白蓝"线，排好的线序如图 2-28 所示。

白 橙 蓝　白 白 绿　白 棕
橙　　　蓝 绿　　棕

图 2-27　按 568B 标准跳线

白 橙 白　蓝 白 绿　白 棕
橙　　绿　蓝　绿　棕

图 2-28　排好的 568B 线序

（5）食指和拇指捏好线，左手用力将线压平整，然后用压线钳的剪线口将排线剪齐，并保证护套皮外的线长 1.4cm 左右，如图 2-29 和图 2-30 所示。

1.4cm

图 2-29　排好的双绞线

图 2-30　压线钳

（6）一只手捏住水晶头，将有塑料弹片的一面朝下，缺口正对自己。另一只手捏住剪切平齐的双绞线，将线平行地插入水晶头内的线槽，用力将 8 根导线插入水晶头线槽的顶端，护套外皮也要插入至水晶头长度的三分之一处，插入过程中不能将线序搞乱，如图 2-31 和图 2-32 所示。

（7）确认 8 根导线都到位后，将水晶头放入（卡入）压线钳的压线槽中，用力压压线钳，压紧水晶头，同时护套皮也压卡在水晶头内即可，压捏时，会听到"咔"的轻微声音，如图 2-33 和图 2-34 所示。

图 2-31　放入水晶头

护套皮也要插入进水晶头长度约三分之一

图 2-32　护套放入水晶头

图 2-33　水晶头放入压线槽

图 2-34　压线

（8）按相同的线序和方法，制作另一端。

2．测试双绞线跳线

扫一扫观看
教学视频

将双绞线跳线两端水晶头分别插入测线仪的发射端和接收端，打开电源。

对于直通跳线来说，如果发射端和接收端1～8的LED指示灯依次闪亮，且序号对应一致，则说明该跳线制作成功；否则，跳线制作有问题，如图 2-35 所示。

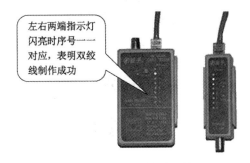

左右两端指示灯闪亮时序号一一对应，表明双绞线制作成功

图 2-35　测试双绞线跳线

小提示：指示灯亮时，如果线两端对应的 LED 指示灯不对应，或一边亮另一边不亮，或多个亮，则可能是发生了断路或短路，这样的线一定不能使用，否则有可能烧毁网络设备的接口。

任务拓展　制作 6 类双绞线跳线

现在，6 类无屏蔽双绞线已经不是网络干线的"专利"，它已经大量出现在桌面级别的应用中，它和超 5 类线最大的区别就是剥开护套皮后，发现有一个"十"字形的隔断，把 8 根线分成 4 对……6 类线就要配备 6 类 RJ-45 水晶头，它与常见的 5 类 RJ-45 水晶头的最大区别是多了一个线套和一个分线器。请向老师请教或查阅资料，尝试制作一根 6 类双绞线跳线。

 任务4　用交换机组建对等网

任务内容

把局域网内各台已经安装了网卡的计算机，以交换机为中心节点，通过双绞线连接成一个星形拓扑结构的对等网。

任务描述

交换机以及早期的集线器是局域网中最常用的中心节点设备。集线器由于存在共享背板带宽，无法分割冲突域的弱点，现在组建新网络时已经基本不用了。而交换机的每个端口独享带宽，能有效分割冲突域，在局域网中得到了大量应用。交换机端口一般有 8 口、16 口、24 口、48 口等几种，每台计算机占用一个端口。

但如果局域网内计算机台数超过交换机端口数，就要考虑多个交换机以及交换机之间的连接关系。常用的有堆叠和级联两种。在小型网络中，交换机级联一方面解决了单一交换机端口数不足的问题，另一方面解决了计算机与中心节点之间距离超过 100m 的限制问题。

目前，局域网内交换机与计算机之间的连接关系多采用星形拓扑结构。它能很方便地在局域网内增加计算机，且单台计算机出现故障不影响整个网络。

交换机级联如图 2-36 所示，两台 24 口工作组级交换机通过级联组成中心节点，连接了30 台计算机。这 30 台计算机组成了一个简单的对等网络。

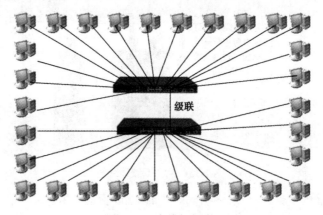

图 2-36　交换机级联

 任务准备

（1）两台工作组级交换机。
（2）级联线。
（3）双绞线若干，并且每根线都要贴上编号标签。
（4）安装有网卡的计算机。

操作指导

1．确定交换机的物理位置

理论上，交换机作为中心节点，应该摆放在整个网络的中心位置。实际上，因为环境不同，有时不得不把交换机摆到容易管理的地方，如管理员办公室、楼层的中间位置。为了规范起见，如果有多台交换机，则要考虑将设备集中起来放到机柜中。图 2-37 所示为标准 19 英寸网络机柜。

图 2-37　标准 19 英寸网络机柜

小提示：不管如何摆放，都要使计算机网卡到交换机之间链路长度小于 100m。如果计算机通过双绞线跳线与墙上的信息插座相连，那么信息插座与交换机距离就要小于 100m。否则，因为信号衰减，不得不在计算机和交换机之间加上中继设备（如一台交换机）。

2．双绞线布线

在小型网络中，采用双绞线作为传输介质，布线时要注意以下几点。

（1）目前，工程上构建 100MHz 带宽时，普遍采用的是超 5 类非屏蔽双绞线（CAT5E UTP），5 类线基本上已经退出市场。如果要构建 200MHz 以上带宽，则应该采用 6 类或者 7 类双绞线。双绞线可采用 AMP、阿尔卡特等品牌，品质有保证。

（2）一根网线中间不能有接头，不能挤压，不能折死角，且最好穿 PVC 套管，以防老鼠咬坏。

（3）如果双绞线与电源线并排分布或交叉分布，则双绞线与电源线应保持至少 15cm 距离。

（4）每根双绞线两端 10cm 处贴上编号标签，以便于识别。

（5）双绞线放线时，在终端接网卡处应留下 1m 左右的余量。在终端接交换机处留的余量应稍大，以便于用束线条捆扎。

3．连接网卡和交换机

连接网卡和交换机的方法很简单，只需将压接好水晶头的双绞线插进网卡或交换机的端口即可，插入时要注意方向。如图 2-38 和图 2-39 所示，交换机或网卡与水晶头的接口是一致的，都有方向性，水晶头的塑料弹簧片末端设计有防脱倒钩。正常情况下插入时，不仅能听到清脆的"咔"的一声，而且只有按下塑料弹簧片才能将双绞线从端口上拔下来。

此时，如果计算机或交换机打开了电源，将会看到设备上 LINK/ACT 指示灯已经闪亮，表明计算机和交换机已经同步，并将以协商好的速率开始通信。

在连接交换机时要注意，不要一次插满所有端口，最好留有富余量，保证一些端口出现故障时，可以随时调换。

4．交换机级联

级联除了能够扩充端口数量之外，另外一个用途就是快速延伸网络直径。当有 4 台交换机级联时，网络跨度就可以达到 500m，也就是说，计算机与中心节点之间的有效距离可以延伸至 500m，突破了单根双绞线传输距离为 100m 的限制。

图 2-38　交换机端口

图 2-39　网卡端口

在交换机端口中，一般会在旁边包含一个 Uplink 端口，如图 2-40 所示。此端口是专门为上行连接提供的，通过直通双绞线将该端口连接至其他交换机上除"Uplink"端口外的任意端口即可（注意，并不是 Uplink 端口的相互连接）。交换机连接示意如图 2-41 所示。

图 2-40　Uplink 端口

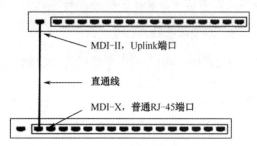

图 2-41　交换机连接

如果交换机上没有提供 Uplink 端口，那么只能利用普通端口，通过交叉跳线，将两台交换机的普通端口连接在一起，扩展网络端口数量。需要注意的是，当使用普通端口连接交换机时，应当使用交叉跳线而不是直通跳线。

🐌 小提示：为了方便级联，某些交换机上提供一个两用端口，可以通过开关或管理软件将其设置为 MDI 或 MDIX。现在大部分的智能型交换机上全部或部分端口具有 MDI/MDIX 自校准功能，可以自动区分跳线类型，进行级联时更加方便。

任务拓展　用交叉跳线连接两台计算机

用交换机或集线器组建的对等网，能够达到 10/100MHz 的网络带宽，且扩展方便，管理灵活，但这种方式投入较高。

最简单的局域网是由两张网卡、两台计算机及一根交叉双绞线构成的，能够达到 100MHz 的网络带宽。组建这种网络的关键在于交叉双绞线的制作。

请查阅资料或向老师咨询，制作一条交叉跳线，并连接两台计算机，观察其连通的情况。

任务 5　设置网络协议

🛒 任务内容

（1）设置计算机的工作组名。

（2）设置计算机的名称和简要文字说明。

（3）设置计算机的 IP 地址、子网掩码、默认网关、首选 DNS 等参数。

 任务描述

计算机标识是 Windows 在局域网中识别身份的信息，标识包括工作组名、计算机名、计算机说明。Windows 在安装时，会默认生成一个工作组名 "Workgroup"，并且把新装的系统纳入这个工作组。本任务首先将工作组名改成 scbss，计算机名分别为 work01、work02、···、work30。

在本项目任务 1 中，已经安装了一张网卡，并且知道了网卡上有一个唯一的编号——MAC 地址。但 MAC 地址使用起来非常不方便。可以为网卡指定一个 IP 地址和子网掩码，它们共同作用，来标识网络中不同的计算机。

本任务设置主机 IP 地址为 192.168.0.243，子网掩码为 255.255.255.0，默认网关 IP 地址为 192.168.0.1，首选 DNS 服务器地址为 61.139.2.69。

任务准备

（1）安装了网卡，并且安装了 TCP/IP 协议的 Windows 计算机一台，这里以 Windows Server 2003 为例，在其他系统上的操作是类似的。

（2）IP 地址规划文档，或者咨询网络管理员。在专业实验室中，一定不要随意设置，以免造成地址冲突。

操作指导

1. 设置计算机的工作组名、计算机名、计算机说明

在桌面上右击"我的电脑"图标，在弹出的快捷菜单中选择"属性"选项，打开"系统属性"对话框，具体操作如图 2-42～图 2-46 所示。

图 2-42　"系统属性"对话框

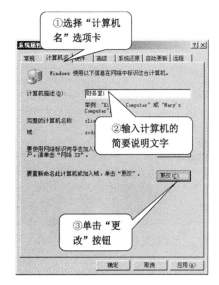

图 2-43　计算机描述

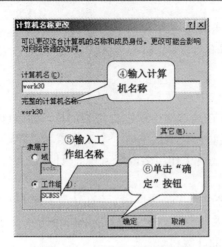

图 2-44　计算机名称更改

图 2-45　确定更改　　　　　　　　　　　图 2-46　更改提示重启计算机

小提示：同一个工作组内的计算机名称必须不一样。例如，前面试图将名称改为work08，但组内已经存在了这个名称，所以会出现如图 2-47 所示的错误提示。

2. 设置计算机的 IP 地址、子网掩码、默认网关、首选 DNS 等参数

右击桌面上的"网上邻居"图标，选择"属性"选项，打开"网络连接"窗口。设置 IP 地址的操作过程如图 2-48～图 2-50 所示。

扫一扫观看
教学视频

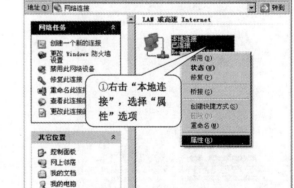

图 2-47　计算机重命名后出错信息提示　　　　　　图 2-48　"网络连接"窗口

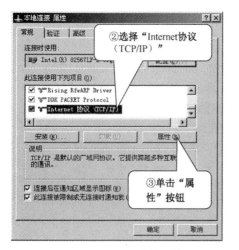

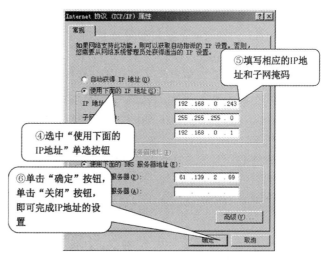

图 2-49　本地连接属性　　　　　　　图 2-50　IP 地址设置

 知识链接　常见的网络协议

网络协议是计算机网络中为了数据交换而建立的规则、标准或约定的集合。

网络协议使得各个层次以及网络中的各个节点之间彼此能够理解对方。网络协议是计算机网络实现其功能的最基本的机制，它的本质是一种规则。

扫一扫观看
教学视频

在局域网中，最常用的协议有 TCP/IP 协议、NetBEUI 协议、IPX/SPX 兼容传输协议和 AppleTalk 协议。目前，用途最广泛的是 TCP/IP 协议。三种协议的对比如表 2-1 所示。

表 2-1　三种协议的对比

协 议 名	优 点	缺 点	实 例
NetBEUI 协议	小巧、快速、高效，最好地支持 Windows 9X 组成的对等网	不支持路由，不能跨网段路由	在"网络邻居"中查看
IPX/SPX 协议	设计一开始就考虑了多网段的问题，具有强大的路由功能。安装配置简单、传输速度快	在 Windows NT/2000 网络中和 Windows 9X 组成的对等网中无法直接使用	所有在线游戏
TCP/IP 协议	实现不同的网络结构、不同的操作系统之间的互连，有很高的灵活性，支持任意规模的网络	不是通用模型，协议建立的出发点并不是一个高效的宽带网络，而是一个仅仅可以在最大范围内互连的网络而已	Internet

NetBEUI 协议、IPX/SPX 兼容传输协议融合到 Windows 的软件中时，对于普通用户而言，不需要配置，它就能正常工作。但 TCP/IP 协议必须经过用户配置后才能工作。

 知识链接　IP 地址和子网掩码的基本概念

IP 地址，即互联网协议地址（Internet Protocol Address，IP 地址），又译为网际协议地址，是 IP 协议提供的一种统一的地址格式，它为互联网上的每一个网络和每一台主机分配一个逻辑地址。

扫一扫观看
教学视频

IP 地址使用 32 位二进制数表示。人们为了方便记忆，把 IP 地址按照 8 位二进制数为一组、中间用"."隔开的"×××.×××.×××.×××"格式来表示，其中×××是0～255中的一个十进制数。例如，IP 地址 11000000 10101000 01111011 11001001 使用 192.168.123.201 来表示。

子网掩码（Subnet Mask）又称网络掩码、地址掩码、子网络遮罩，它用来指明 IP 地址的哪些位标识的是主机所在的子网（用网络 ID 表示），哪些位标识的是主机（用主机 ID 表示）。子网掩码不能单独存在，它必须结合 IP 地址一起使用。例如，子网掩码为 255.255.255.0，IP 地址为 192.168.0.243，则 IP 地址数字串中"192.168.0.0"表示网络 ID（也称为网段），而"243"表示主机 ID。

子网掩码同样有 32 个二进制位，但 TCP/IP 协议规定，子网掩码中 1 的个数必须连续，如 11111111.11111111.11111111.00000000 是合法的子网掩码，转换成十进制数即为 255.255.255.0。而像 11111111.11111111.11101101.10000000 这样的二进制数是不能作为子网掩码的。

 小提示: 通常，IP 地址和子网掩码可用"IP 地址/子网掩码中连续 1 的位数"缩写的方式来表示，在后面的项目中将会经常用到。如"202.119.115.78/24"就表示 IP 地址为 202.119.115.78，子网掩码为 24 位连续的 1，即 255.255.255.0。

知识链接 IP 地址的分类

1. 按网络大小分类

TCP/IP 协议规定，按网络大小可以把 IP 地址分成 4 类，分别为 A 类、B 类、C 类和 D 类。A 类、B 类 IP 地址用在大型网络场合，D 类 IP 地址有其特殊用途。日常用得最多的是 C 类 IP 地址。在局域网中经常使用的 IP 地址 192.168.0.x 就是典型的 C 类 IP 地址。每个 A 类地址可连接 16777214 台主机，每个 B 类地址可连接 65534 台主机，每个 C 类地址可连接 254 台主机。

扫一扫观看
教学视频

2. 按使用范围分类

TCP/IP 协议中规定：按使用范围可把 IP 地址分成公有 IP 地址和私有 IP 地址。

能在 Internet 中使用的 IP 地址就叫作公有 IP 地址。公有 IP 地址只能由统一的互联网机构来负责分配。在国内，中国互联网络信息中心（CNNIC）负责 IP 地址的分配。可见，公有 IP 地址是一种稀缺资源，付费使用。所以，局域网内众多主机不可能都获得一个公有地址。

只在局域网内使用的 IP 地址叫作私有 IP 地址。如 192.168.0.1～192.168.0.254 一类的地址都是私有 IP 地址。私有 IP 地址是不能用到 Internet 中的。设置私有 IP 地址的目的有两个：一是节约有限的公有 IP 地址资源，二是把局域网内的主机与局域网外部的主机区分开。

私有 IP 地址范围如下。

A 类：10.0.0.0～10.255.255.255 即 10.0.0.0/8。

B 类：172.16.0.0～172.31.255.255 即 172.16.0.0/12。

C 类：192.168.0.0～192.168.255.255 即 192.168.0.0/16。

私有 IP 地址在 Internet 上不会被路由，虽然它们不能直接和 Internet 连接，但通过 NAT（网络地址转换）技术仍旧可以和 Internet 通信。

知识链接　网关 IP 地址和首选 DNS 服务器地址

网关 IP 地址：它是局域网内负责把用户计算机的请求信息转发到 Internet 上，并且把 Internet 上的信息转发给局域网内其他计算机的一台主机的 IP 地址。网关通常是指宽带路由器、拨号服务器等。

首选 DNS 服务器 IP 地址：用户访问 Internet 时，是用诸如"www.scbss.com"的域名来进行的。可是 IP 地址才是 Internet 主机的"合法身份"。所以 DNS 服务器就负责把用户输入的域名转化成 Internet 上合法的 IP 地址。地区不同，运营商不同，DNS 服务器 IP 地址也不同，具体可参见本书附录 B。

 设置网络共享资源

 任务内容

（1）设置文件和文件夹共享，并赋予修改权限，从网络上查看共享文件夹。

（2）设置打印机共享，从网络中查看共享的打印机。

任务描述

当需要查看或修改工作组内 A 计算机上的文件夹 ShareDoc 中的文件时，一种方法是利用 U 盘或其他可移动磁盘把它复制到自己的计算机中进行查看或修改。但如果没有可移动磁盘，或者计算机禁用可移动磁盘，又该如何处理呢？

最常用的一种方法是在 A 计算机上设置文件夹 ShareDoc 共享，并赋予工作组用户只读或修改的权限。

办公环境中，打印机作为一种必备资源，同样可以设置为工作组共享，不必给每一台计算机都配置一台打印机。

本任务就是在装有 Windows XP/2003 的计算机上设置共享文件夹和共享打印机。

任务准备

（1）一台装有 Windows XP/2003 操作系统，并且已经安装好"文件和打印机共享"协议的工作组计算机。

（2）一台已经安装好驱动程序的打印机。

操作指导

1. 设置和使用共享文件夹

1）设置共享文件夹

具体操作步骤如图 2-51～图 2-53 所示。

扫一扫观看
教学视频

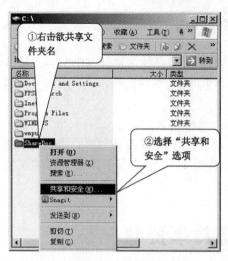

图 2-51　文件共享

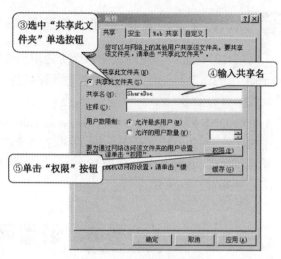

图 2-52　文件共享设置

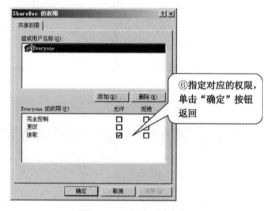

图 2-53　设置用户权限

2）设置安全选项

在 NTFS 文件系统中，需要为共享文件夹设置安全选项，步骤如图 2-54～图 2-60 所示。

扫一扫观看
教学视频

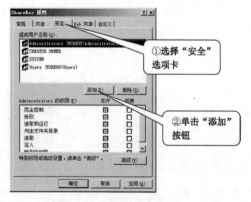

图 2-54　设置安全选项过程 1

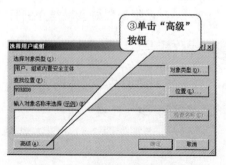

图 2-55　设置安全选项过程 2

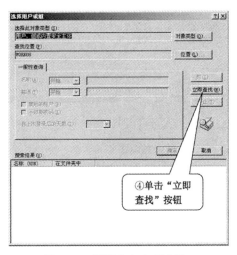

图 2-56　设置安全选项过程 3

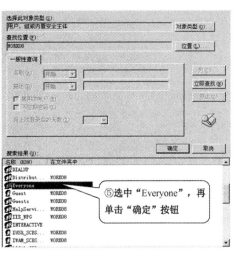

图 2-57　设置安全选项过程 4

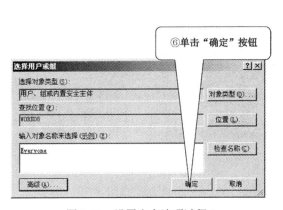

图 2-58　设置安全选项过程 5

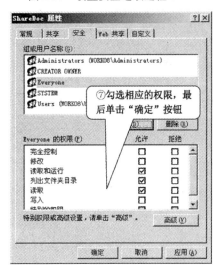

图 2-59　设置安全选项过程 6

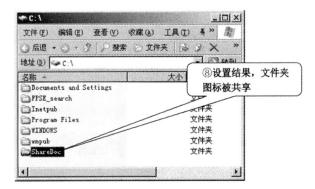

图 2-60　设置安全选项过程 7

3）启用 Guest 账户

默认情况下，Windows 对匿名访问的 Guest 账户是禁用的，启用该账户的过程如图 2-61～图 2-64 所示。

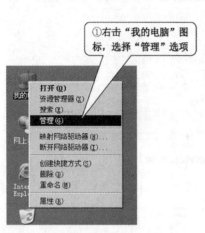

图 2-61　启用 Guest 账户过程 1

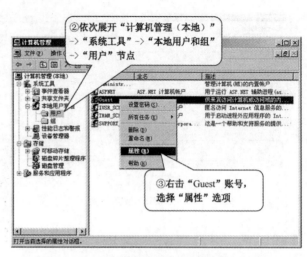

图 2-62　启用 Guest 账户过程 2

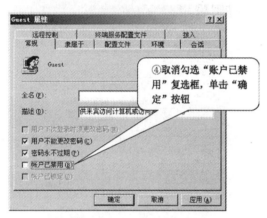

图 2-63　启用 Guest 账户过程 3

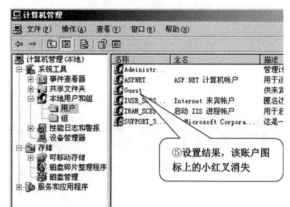

图 2-64　启用 Guest 账户过程 4

4）查看共享资源

查看工作组内的共享资源的方法如下：在资源管理器的地址栏内输入"\\主机名称或 IP 地址"，具体操作如图 2-65 所示。

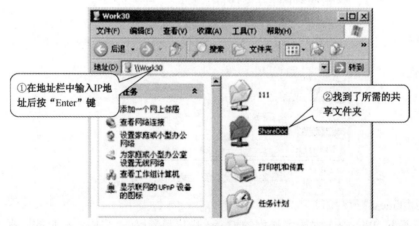

图 2-65　查看共享文件

小提示：如果工作组内计算机较多，通过"网上邻居"的方式查找计算机往往比较耗时间。一个简单的办法就是在"我的电脑"地址栏内输入"\\"＋"主机名或 IP 地址"，可以迅速找到共享资源。"\\"又称网络定位符。

2．设置和使用共享打印机

1）设置共享打印机

Windows 中的共享打印，在 Windows XP/2003/7/8/10 中设置的方法基本相同，操作画面略有差异。这里以 Windows 7 为例，共享打印机的步骤如下：依次选择"开始"→"设备和打印机"选项，具体操作步骤如图 2-66～图 2-70 所示。

图 2-66　设置共享打印机过程 1

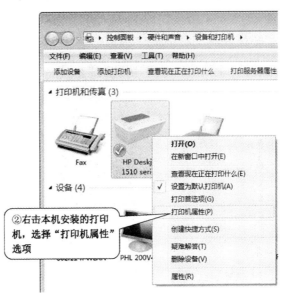

图 2-67　设置共享打印机过程 2

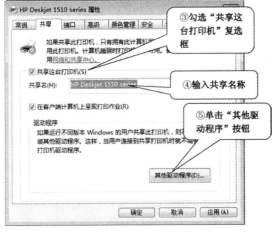

图 2-68　设置共享打印机过程 3

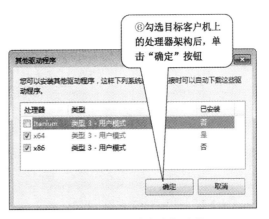

图 2-69　设置共享打印机过程 4

图 2-70　设置共享打印机过程 5

2）使用共享打印机

在局域网中，打开打印机电源，连接打印机的主机（本任务中其 IP 地址为 10.52.2.26），保持网络通畅。在 Windows 7 系统中使用这台共享打印机（名称为 HP Deskjet 1510 series）的方法如图 2-71～图 2-78 所示。

图 2-71　使用共享打印机过程 1

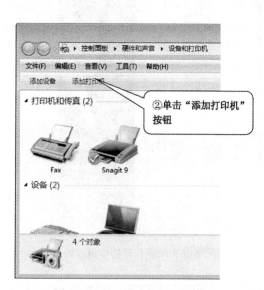

图 2-72　使用共享打印机过程 2

图 2-73　使用共享打印机过程 3

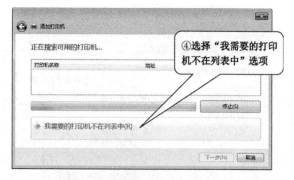

图 2-74　使用共享打印机过程 4

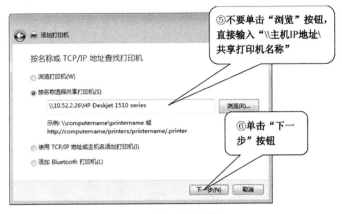

⑤不要单击"浏览"按钮，直接输入"\\主机IP地址\共享打印机名称"

⑥单击"下一步"按钮

图 2-75　使用共享打印机过程 5

⑦尝试连接该主机上的共享打印机，完成安装

图 2-76　使用共享打印机过程 6

⑧成功后，单击"下一步"按钮

图 2-77　使用共享打印机过程 7

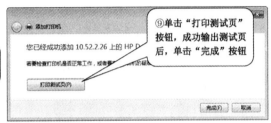

⑨单击"打印测试页"按钮，成功输出测试页后，单击"完成"按钮

图 2-78　使用共享打印机过程 8

 任务拓展　映射网络文件夹

访问网络文件时，总是要先定位到这台机器上再打开文件。有时记不住这台机器的名称或 IP 地址，就显得很不方便。如果把网络上的某个共享文件夹映射成本地驱动器，使用起来就非常方便。

请尝试访问网络上的共享文件夹，并把它映射成网络驱动器。

任务 7　用无线 AP 组建对等网

任务内容

（1）安装无线 AP 硬件。

（2）配置无线 AP，使之能够将一定范围内的安装有无线网卡的 PC，在无需密码的情况下，组建成一个局域网。

（3）将无线对等网加入到有线网中。

（4）客户端计算机无线网络设置。

任务描述

某实业公司自建一小型局域网，旗下一分公司位于一层写字楼，建筑面积约 200m²，用玻璃隔成若干办公区域，计算机

图 2-79　DWL-2200 AP

有 100 台左右。公司要求在不打破现有空间格局的情况下，将这些计算机接入局域网。

 任务准备

（1）五台无线 AP，这里以 DWL-2200 AP（图 2-79）设备为例，购买时附带有以太网供电基本设备、电源适配器、电源线缆、以太网线缆、支架座等附件。

（2）一台配置无线 AP 的计算机。

（3）一根交叉双绞线缆。

（4）一台安装 Windows 7/10 的计算机，自带无线网卡。

操作指导

用交换机或路由器组建对等网，需要购买交换设备和双绞线，还需要请专业公司布线，成本高昂。如果是在旧有空间中，则可能对建筑结构进行改造，甚至造成一定程度的破坏。在有些不便于布线，或有相当数量的移动设备（如笔记本式计算机）需要接入对等网的情况下，采用无线局域网（Wireless LAN，WLAN）方案，是一种既节省成本，又不影响现有空间布局的上上之选。

目前，组建小型 WLAN 的基本方案有两种：一是无线 AP 方案，二是无线宽带路由器方案。第一种方案适用于用户较多，对网络连接性能和安全性需求较高的情况。第二种方案，由于在网络连接性能和安全方面稍有不足，所以仅适用于用户数较少（通常是 20 个以内），安全性要求不是很高的场合。本任务采用第一种方案，组建过程如下。

1. 安装无线 AP 硬件

如果用户超过 20 个，则要在整个区域中安装几个无线 AP，无线 AP 可以安装在天花板上，此时要求把 AP 的天线指向下方。为了平均分配每个 AP 所连接的用户，达到尽可能的负载均衡和最佳的连接性能，首先考虑在四个角落安装四个无线 AP，再在中央位置安装一个 AP。注意，每个 AP 所分配的用户数不要超过 20 个。

DWL-2200 AP 不需要专门的 220V 交流电源，而是直接取自双绞线上传输的弱电信号，这种方式叫做以太网供电（PoE）。供电部分安装如图 2-80 所示。

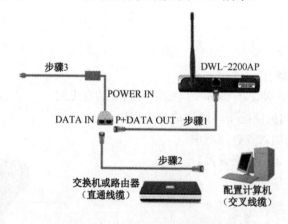

图 2-80　以太网供电安装示意图

（1）将以太网电缆（装箱清单中）一端接入 DWL-2200 AP 的 LAN 端口上，另一端接入 PoE 基础设备上标为 P+DATA OUT 的端口。

（2）将 PoE 基础设备上的 DATA IN 端口出来的直通电缆接入路由器/交换机，或交叉电缆的一端接入配置计算机。

（3）将电源适配器接入 PoE 基础设备上标有 POWER IN 的接头。将电源适配器的电源线接上，另一端接入电源插座。

（4）安装无线 AP 后的示意如图 2-81 所示。

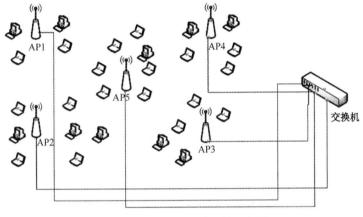

图 2-81　安装无线 AP 后的示意图

2．配置无线 AP

安装无线 AP 后，还要通过配置计算机对设备进行配置，它才会起作用。D-Link DWL-2200 AP 出厂时，内置 IP 地址默认为 192.168.0.50，登录账户为 admin，密码为空。如果计算机与之不在同一网段，则需要先修改，过程参见前面部分。

将 DWL-2200 AP 接上电源，只需在配置计算机的浏览器中输入"192.168.0.50"，在弹出的对话框中输入默认的用户名 admin，密码为空，即可进入 DWL-2200 AP 的用户配置界面，如图 2-82 所示。

切换到 Home→Wireless 菜单，AP Mode 的配置主界面如图 2-83 所示。

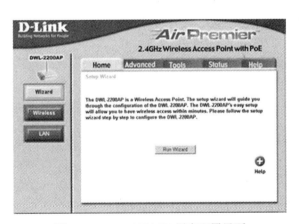

图 2-82　DWL-2200 AP 用户配置界面

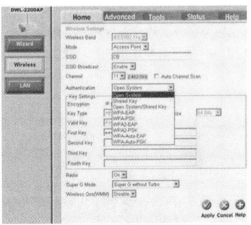

图 2-83　AP Mode 配置主界面

图 2-83 中各项参数的含义如表 2-2 所示。

表 2-2　各项参数及含义

Wireless Band	默认支持 IEEE 802.11g 协议，数据传输速率高于 54Mb/s
Mode	从下拉列表中选择 Access Point
SSID	服务设置标识符（SSID）是特定无线局域网（WLAN）指定的一个名称。SSID 的出厂默认设置为 dlink。这里把它命名为 Wirless
SSID Broadcast	启用或禁用 SSID 广播。启用该特征就可以使 SSID 在网络中进行广播，默认为 Enable
Channel	信道编号。一般为 1～13
Auto Channel Scan	默认为 Enable，启用该特性，自动选择信道，获得最佳的无线性能
Authentication	选择 Shared Key，只有那些共享相同的 WEP 设置的设备可以相互通信。若选择为 Open System，则可以在网络上进行密钥交换，即无须密码，就可加入无线局域网
SSID Radio	选择 On 或 Off。默认为 On。开启广播后，无线网卡就可以接收到无线电信号
Super G Mode	在该模式下，数据传输速率高于 108Mb/s
WMM	选择 Enable 或 Disable，默认为 Enable。WMM 即为 Wi-Fi 多媒体，启用该特性，就会提高用户在 Wi-Fi 网络中应用音频和视频方面的性能

小提示： 因为有多个无线 AP，加上各无线 AP 之间的间隔比较近，所以会造成各 AP 之间的信号重叠。为此，在配置时，一定要把各 AP 配置在不同的信道上，而且各 AP 所连接的用户端无线网卡配置也要选择相同信道。无线 AP 通常有 13 个可选信道（对应不同的工作频段），但为了最大限度地避免信号冲突，通常附近的无线 AP 之间采用 1、6、11 信道组合，2、7、12 信道组合，3、8、13 信道组合，这三种组合的信道之间是完全隔离的。AP 之间离得越远，信号冲突的可能性越小，可以选择不相邻的信道。

3．将无线 AP 加入有线局域网

将 PoE 基础设备上的 DATA IN 端口出来的直通电缆接入路由器或交换机，即可使无线网络成为有线网络的一部分。

小提示： 应该说明的是，并不是所有的交换机都支持为无线 AP 供电。例如，在锐捷系列的交换机各型号中，尾缀含有 P 字母的，具备 PoE 功能。

4．客户端计算机无线网络设置

在自带无线网卡的客户端计算机，如笔记本式计算机上，当检索到无线 AP 发射的信号后，将在状态栏内显示一个带红色小叉的无线网络图标，如图 2-84 所示，单击该图标，设置过程如图 2-84～图 2-91 所示。

扫一扫观看教学视频

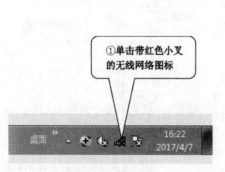

①单击带红色小叉的无线网络图标

②单击此SSID

图 2-84　网络图标

图 2-85　无线网络 SSID

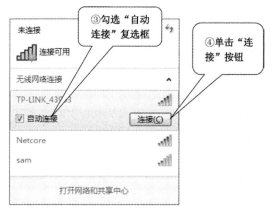

图 2-86　连接无线网络

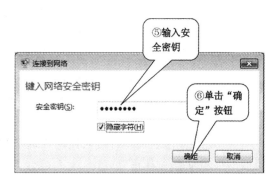

图 2-87　输入密钥

图 2-88　等待连接

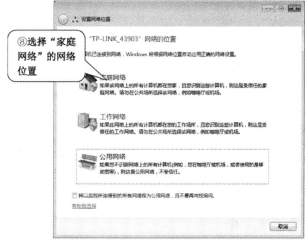

图 2-89　选择网络

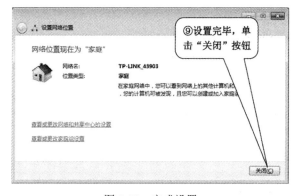

图 2-90　完成设置

图 2-91　设置结果

 知识链接　WLAN 和无线 AP

WLAN（Wireless Local Area Networks，WLAN）是一种基于 802.11n/b/g/a 标准，利用无线通信技术将笔记本式计算机、智能手机、平板电脑等设备连接起来，构成可以互相通信、实现资源共享的网络。

Wi-Fi 标记表示产品能够和其他厂家的无线网络设备兼容。如果无线产品带有 Wi-Fi 的标记，则说明该产品已经通过了无线以太网兼容性联盟（WECA）的测试和认证。无线网卡如果具有 Wi-Fi 认证，则说明它可以和同样具有 Wi-Fi 认证的无线接入点兼容互通。

无线 AP（Access Point）即无线接入点，它是用于无线网络的无线交换机，也是无线网络的核心。无线 AP 是移动计算机用户进入有线网络的接入点，主要用于宽带家庭、大楼内部以及园区内部。按照协议标准，IEEE 802.11b 和 IEEE 802.11g 的覆盖范围是室内 100m 及室外 300m。

大多数无线 AP 还带有接入点客户端（AP Client）模式，可以和其他 AP 进行无线连接，延展网络的覆盖范围。

但是随着无线路由器的普及，人们往往将无线 AP 与之混为一谈。这里所说的无线 AP，是指单纯和无线交换机，提供无线信号发射和接收的功能。它的工作原理是将网络信号通过双绞线传送过来，经过 AP 产品的编译，将电信号转换成为无线电信号发送出来，形成无线网的覆盖。所以有人又把这种单纯性 AP 称为"瘦 AP"。与之相对的是"胖 AP"，它其实就是无线路由器。无线路由器除了具有无线接入功能之外，一般具备 WAN、LAN 两个接口，一般支持动态 IP 地址分配、域名服务和 MAC 地址克隆，以及 VPN 接入、防火墙等安全功能。下一个项目将学习这种"胖 AP"的搭建方法。

项目学习评价

学习评价

本项目主要介绍的是小型网络的搭建，内容简单、实用，它们是课程学习后必须掌握的技能。表 2-3 列出了项目学习中的重要知识和技能点自评，试着评价一下，查看学习效果如何。

表 2-3　重要知识和技能点自评

知识和技能点	学习效果评价		
会安装网卡及其驱动程序	□好	□一般	□较差
会查询网卡的 MAC 地址	□好	□一般	□较差
会制作直通双绞线跳线	□好	□一般	□较差
会测试直通双绞线跳线的连通性	□好	□一般	□较差
会用交换机组建对等网	□好	□一般	□较差
掌握交换机级联方法	□好	□一般	□较差
会设置计算机的工作组名	□好	□一般	□较差
会设置 IP 地址、子网掩码、默认网关、首选 DNS 等参数	□好	□一般	□较差
熟知三种常见局域网协议的优点和缺点	□好	□一般	□较差
会设置文件共享和打印机共享	□好	□一般	□较差
会查看共享资源	□好	□一般	□较差
掌握无线 AP 硬件安装步骤	□好	□一般	□较差
掌握把无线客户端计算机接入 WLAN 的方法	□好	□一般	□较差

思考与练习

一、填空题

1．对等网采用分散管理的方式，功能上无主从之分，网络中的每台计算机既可作为_____又可作为_____来工作。

2．_____是计算机连接到网络的第一道关口，它是组成局域网络的最基本设备。

3．不管哪种网卡，出厂后都有一个唯一的标识，这就是_____地址。

4．_____是使用双绞线将网络中的网卡、交换机（集线器）等设备连接在一起的连接头。

5．在 5 类或超 5 类双绞线中，有 4 种基本色，它们分别是橙、蓝、绿、_____。

6．交叉双绞线中有两对线是交叉的，分别是 2 线对_____线，3 线对_____线。

7．除了能够扩充端口数量外，还可快速延伸网络直径，这种技术叫作_____。

8．最简单的局域网是由两张网卡、两台计算机及一根_____线构成的。

9．Windows 在安装时，会默认生成一个工作组名_____。

10．IP 地址分成 4 类，分别为 A 类、B 类、C 类和 D 类。最常使用的是_____类。

11．网络协议是网络设备用来通信的一套规则。目前，用途最广泛的是_____协议。

12．根据 TCP/IP 协议的规定，能在 Internet 中使用的 IP 地址是_____IP 地址。

13．负责把用户输入的域名转化成 Internet 上合法的 IP 地址的是_____服务器。

14．_____是无线局域网的英文缩写。

15．相当于无线网络的无线交换机，是移动计算机用户进入有线网络的接入点，这种设备是_____。

二、选择题

1．在命令提示符下输入_____命令，可显示网卡的 MAC 地址信息。

　　A．ipconfig /all　　　B．ping　　　　　　　　C．netstat

2．下面正确的 568B 标准线序是_____。

　　A．白橙、橙、白蓝、蓝、白绿、绿、白棕、棕

　　B．白橙、橙、白绿、蓝、白蓝、绿、白棕、棕

　　C．橙、白橙、白蓝、蓝、绿、白绿、白棕、棕

　　D．白橙、橙、白绿、白蓝、蓝、绿、白棕、棕

3．工程上常用直通双绞线制作标准是_____。

　　A．EIA/TIA 568B　　　　　　　　　　　B．EIA/TIA 568A

4．某学生制作交叉线时，一端线序是"白橙、橙、白绿、蓝、白蓝、绿、白棕、棕"，那么另一端的线序应该是_____。

　　A．白橙、橙、白蓝、蓝、白绿、绿、白棕、棕

　　B．白绿、绿、白橙、蓝、白蓝、橙、白棕、棕

　　C．橙、白橙、白蓝、蓝、绿、白绿、白棕、棕

　　D．白橙、橙、白绿、白蓝、蓝、绿、白棕、棕

5．目前，以交换机来组建对等网，普遍采用的拓扑结构是_____。

A．星形　　　　　　B．总线形　　　　　　C．树形　　　　　　D．环形

6．如果要构建 200MHz 以上的带宽网络，则应该选用＿＿＿＿＿双绞线。

A．5 类　　　　　　B．超 5 类　　　　　　C．6 类　　　　　　D．以上都可以

7．双绞线布线时，如果网线与强电交叉，则应该至少保持＿＿＿＿＿距离。

A．15cm　　　　　　B．50cm　　　　　　C．100cm　　　　　　D．5cm

8．IP 地址使用＿＿＿＿＿位二进制数表示。

A．16　　　　　　　B．32　　　　　　　C．48　　　　　　　D．96

9．IP 地址使用"."隔开的 A.B.C.D 格式中，其中 D 是＿＿＿＿＿（含）的一个十进制数。

A．0～256　　　　　B．0～254　　　　　C．0～255　　　　　D．1～254

10．局域网内负责把用户计算机的请求信息转发到 Internet 上的是＿＿＿＿＿。

A．网关　　　　　　B．DNS 服务器　　　　C．子网掩码

11．WLAN 的协议中，下面＿＿＿＿＿是错误的。

A．IEEE 802.11b　　B．IEEE 802.11g　　C．IEEE 802.11a　　D．IEEE 802.11c

三、实际操作题

1．在本机上设置一个共享文件夹 A，在其下面任意创建几个文件，要求在其他机器上能够访问和修改该文件夹内容。

2．实际制作一条直通双绞线，连接本台计算机到交换机，要求能用"网上邻居"查看工作组内的计算机共享资源。

3．卸载本机上已经安装好的"文件和打印共享"协议，设置一个共享文件夹，看能否在其他计算机上查看到。

4．修改本机 IP 地址为 192.168.1.250，子网掩码为 255.255.255.0，另一台计算机的 IP 地址为 192.168.0.250，子网掩码为 255.255.255.0，设置本机上的一个共享文件夹，尝试在另一台机器上查看。你得到的结果是什么？为什么？

项目 3

连接到 Internet

小张刚给财务部组建了一个小型办公室局域网,经过一段时间的试运行,发现工作效率提高了不少。公司经理对小张的表现相当满意,逢人便夸。

不久,财务经理又找上门来,说是有些业务需要在网络上处理,但是,现在办公室除了有一部电话机外,没有连接到 Internet 的电脑。

经理又把这个任务交给小张来完成。

小张是这样来分析的:财务部只有 6 台计算机,与 Internet 有关的业务只限填填表单、收发邮件、浏览网页,对网速、带宽等指标并无明显要求,ADSL 宽带上网足可满足需求了;此外,由于上网时间的不确定性,不便于单独将一台计算机充当代理服务器。

小张决定用路由器共享的方式将财务部 6 台计算机接入 Internet。

说干就干,小张从计算机市场买回一款 ADSL Modem,即宽带路由器。该产品还带有无线功能,能很好地解决今后新计算机增加后,布线不方便、扩容不易的问题。此外,小张还到电信局申请了 ADSL 宽带业务,获得了上网账户和密码。

 项目背景

如今的时代被称为"信息时代",人们工作、生活、学习已经与 Internet 产生了很大的关系,很难想象没有 Internet 的社会是什么样子的。

接入 Internet 的方式有很多种。从最初的拨号上网,发展成 ISDN 专线、DDN 专线,一直到现在仍普遍使用的 xDSL、Cable Modem 宽带技术,以及移动终端的 GPRS、3G、4G 无线上网,Internet 接入技术不断演变,资费越来越大众化。

在没有铺设网络干线(如光纤)但架设有电话线的地方,通过宽带路由器共享 ADSL 拨号上网,是最经济实惠的一种 Internet 接入方案,但只限于网络内用户数较少、网速要求低的场合。

在企事业单位内部,网络管理规范有序,且网络接入设施齐全,通过局域网接入 Internet 就是一种最简单的接入方案。

我国城镇化速度越来越快,小区宽带运营在近几年内出现了爆炸式的增长,已经实现了光纤到户(FTTH)。有了 IPTV、数字电视等新兴网络服务的应用,大大方便了用户,增加了运营商的盈利。把宽带路由器连接到光纤设备上，可使计算机高速上网、通过网络看电视、使智能家电触网。

📋 项目描述

局域网计算机接入 Internet 时，总的来说分成以下几步。

（1）安装 ADSL Modem、光纤 Modem、宽带路由器等硬件。

（2）如果局域网有 4 台以上的客户机，还需将宽带路由器连接到交换机、集线器等中心节点设备上。

（3）配置宽带路由器。

（4）设置局域网计算机上网参数。

任务 1   安装 Modem 和宽带路由器

🛒 任务内容

（1）安装 Modem。

（2）连接宽带路由器和 Modem。

👩‍💻 任务描述

早期，计算机在电话线路上通过 Modem（调制解调器）直接拨号上网，实现 33.6Kb/s 和 56Kb/s 共两种连接速率。但这也仅仅是 Modem 的理论工作速率，实际速率还要低一些。在这种连接方式下，计算机连接 Internet 时，电话线被占用，不能主叫和被叫通话。

后来，在 ADSL 技术的帮助下，在电话线路上，用户申请专用的 ADSL 上网账户，通过 ADSL Modem 虚拟拨号，实现 1~8Mb/s 的连接速率，获得一个动态的 IP 地址，通电话和连接 Internet 两不误。

再后来，移动通信技术飞速发展，人们对固定电话线的依赖越来越弱，传统上作为干线的光纤已经入户，运营商提供光网络单元（Optical Network Unit，ONU）给用户，以代替 ADSL Modem。在很多场合，又把 ONU 称为 Optical Modem（光纤调制解调器）。通过 Optical Modem，可获得 10～300Mb/s 的连接速率，获得一个动态的 IP 地址，使得家庭内能提供各种不同的宽带服务，如 VoD、在家购物、在家上课等。

直接在电话线上拨号的 Internet 连接方案，现在已经基本上不使用。通过 ADSL Modem 虚拟拨号连接 Internet 和通过 Optical Modem 连接 Internet，其网络拓扑图（图 3-1）都非常相似，都需要具有宽带上网的账户和密码。

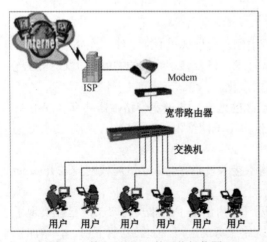

图 3-1   接入 Internet 的网络拓扑图

本任务完成 ADSL Modem 安装，并将它与宽带路由器相连。

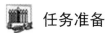 任务准备

（1）一根电话线（在有条件的地方，可准备一对 SC 型适配器代替入户的光纤）。

（2）宽带路由器及其附件。

（3）ADSL Modem、滤波器及其附件（在有条件的地方，可准备一台 ONU 设备）。

 操作指导

1. 安装 ADSL Modem

（1）根据品牌、型号不同，ADSL Modem 后面板上的插孔形式也有所不同，但有三个最基本的插孔，分别标记有 LINE、ETHERNET 和 POWER，分别用来连接 2 芯扁平电缆线、双绞线和电源插头。有的 Modem 还有一个标记为 Console 的孔，用来对 Modem 进行远程设置，一般不用此接口，如图 3-2 所示。

（2）把 ISP 提供的含 ADSL 功能的电话线接入滤波器的 LINE 接口，把普通电话线接入 PHONE 接口，电话部分完全和普通电话一样使用即可，滤波器的 DSL 口接 ADSL Modem 的 DSL 口。连接关系如图 3-3 所示。

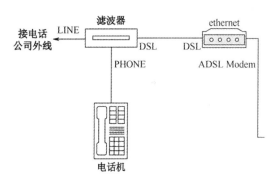

图 3-2　ADSL Modem 接口图　　　　　图 3-3　ADSL 口接 Modem 示意图

小提示： 向因特网服务提供商（ISP）申请 ADSL 宽带时，必须要有一根电话线路。为了有效分离模拟语音信号和数字信号，必须要在线路中加装滤波器。购买 ADSL Modem 时，厂商会附带一个体积较小的滤波器和电源。

由于 ADSL 本身的技术复杂，它会在普通电话线的低频语音上叠加高频数字信号，所以从电话公司到 ADSL 滤波分离器这段连接中任何设备的加入都将危害到数据的正常传输，所以，在滤波分离器之前不要安装电话分机、电话防盗器等设备。

2. 连接交换机、宽带路由器和 ADSL Modem

宽带路由器后面板上有标记为 WAN 的接口，用来接来自 ADSL Modem 的双绞线跳线，标记为 LAN 的接口来自局域网交换机或计算机的双绞线（在图 3-4 所示的图片中，有 4 个 LAN 口，表明可接 4 台计算机）。标记为 RESET 的小孔，用于在紧急情况下恢复出厂参数。POWER 口用来接电源。

小提示：一般来说，比较新的路由器产品和 ADSL Modem 都能够自动识别双绞线类型。因此，路由器的 WAN 口和 Modem 的 Ethernet 口间可用直通双绞线跳线连接。

但是，在一些比较老式的设备之间进行连接，情形就比较复杂了。一般来说，网络设备的 RJ-45 接口分为 MDI 和 MDI-X 两类，当使用双绞线跳线连接时，如果设备的接口为同一种类型，则使用交叉线；如果设备的接口为不同类型（一个为 MDI，另一个为 MDI-X），则使用直连线。所以接线前，请先确认接口类型。

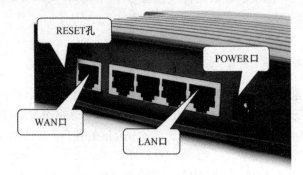

图 3-4　路由器接口

最终，计算机、交换机、路由器及 ADSL Modem 的连接如图 3-5 所示。

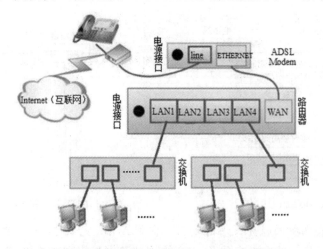

图 3-5　路由器及 ADSL Modem 的连接示意图

 知识链接　了解 ADSL 宽带技术

ADSL 即 Asymmetrical Digital Subscriber Line，意为非对称数字用户线。它是数字用户线（DSL）技术的一种，可在普通铜芯电话线上传送电话业务的同时，向用户提供速率为 1.5～8Mb/s/s 的数字业务，在上行、下行方向上传输速率不对称。

所谓上行速率，是指用户计算机向局端设备发送数据的速率，即上传速率。所谓下行速率，是指局端设备向用户计算机发送数据的速率，即下载速率。Internet 用户在使用网络时，绝大多数时间是在进行浏览网页、下载文件等动作，这都要求下行方向的速率比较快。ADSL 技术就充分利用了这一点。

ADSL 方案的最大特点是不需要改造信号传输线路，完全可以利用普通铜芯电话线作为传输介质,配上专用的 Modem 即可实现数据高速传输。ADSL 支持上行速率 640Kb/s～1Mb/s,下行速率 1.5～8Mb/s,其有效的传输距离为 3～5km。

 任务拓展　安装 ONU 和宽带路由器

图 3-6 所示为家庭光宽带连接示意图。开户时,运营商会提供宽带上网账户和初始密码,并免费提供一个 ONU 设备,用来连接局端光设备。用户只需购买一台宽带路由器,即可实现家庭计算机上网、手机上网、视频点播等多种功能。现在假设这些设备都已准备妥当,请把这些设备连接在一起。

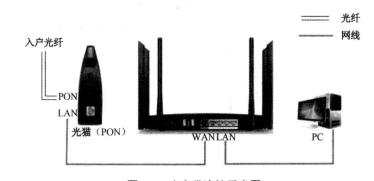

图 3-6　光宽带连接示意图

 任务2　设置无线宽带路由器

扫一扫观看
教学视频

🛒 **任务内容**

（1）修改宽带路由器默认登录密码。

（2）设置宽带路由器 WAN 口参数。

（3）设置宽带路由器 LAN 口地址为 10.9.1.1/24。

🖥 **任务描述**

刚买回来的宽带路由器,未经设置是不能使局域网计算机自动连接到 Internet 上的。

只要在宽带路由器上做好必要的设置,如设置 WAN 口参数、LAN 口参数,连接到局域网上的计算机只要有 Internet 需求,就可以自动连接到 Internet 上,而计算机不需要拨号,十分方便。

只要这些参数设置完毕,并且局域网计算机与路由器位于同一个网段内,路由器就会自动侦测到局域网计算机的请求,提供到 Internet 的数据传输通道。

📚 **任务准备**

（1）无线宽带路由器一台（这里以 TP-Link 的 TL-WR890N 为例）。

（2）无线宽带路由器使用说明书（购买设备时随机提供）。

（3）宽带上网账户及密码（申请宽带上网时由 ISP 提供）。

（4）一台安装了浏览器软件的手机或笔记本式计算机。

 操作指导

（1）给无线宽带路由器加电，并连接 LAN 口 1/2/3/4 和计算机，方法参考本项目任务 1。

（2）修改配置计算机的 TCP/IP 协议，使 IP 地址为"自动获取"。这样，无线宽带路由器将给计算机分配一个 IP 地址，该 IP 地址和路由器内置初始 IP 地址在一个网段内。

也可改用手机或平板电脑连接路由器的无线信号。无线名称（SSID）可在路由器底部的标贴上查找，该无线名称格式为"TP-LINK_XXXX"。图 3-7 所示为手机连接 TP-LINK_01D2，图 3-8 所示为笔记本式计算机连接同一个 SSID 的情景，因为该 SSID 没有设置加密口令，因此提示为"不安全"的连接。

图 3-7　手机搜索到的无线信号　　　　图 3-8　笔记本式计算机搜索到的无线信号

（3）路由器初始设置。路由器初始设置的内容，主要是 WAN 口的设置。

WAN 口设置，也就是设置路由器如何自动连接到 Internet。

① 打开手机或笔记本式计算机上的浏览器，在地址栏内输入"tplogin.cn"，进入路由器的 Web 管理界面，如图 3-9 所示。单击"继续访问网页版"按钮。

② 由于是第一次使用路由器，因此会要求用户创建管理员密码，如图 3-10 所示，输入密码后单击"确定"按钮。

③ 选择上网方式，这里一般会选择"宽带拨号上网"，并输入 ISP 提供的宽带账户和宽带密码（初始），如图 3-11 所示，单击"下一步"按钮。

图 3-9　手机登录的第一个页面

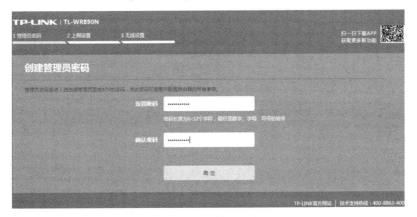

图 3-10　创建管理员密码

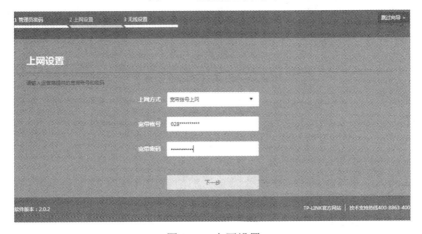

图 3-11　上网设置

④ 无线设置，输入无线名称（强烈建议根据部门或地理位置来设置），必须设置无线密码。无线密码为 8～63 个字符，如图 3-12 所示，单击"确定"按钮。

图 3-12 无线设置

到此，通过手机，路由器的设置已经完成，由于无线参数已经修改，手机和路由器连接将会暂时断开，如图 3-13 所示。重新连接，输入上一步设置的无线密码即可。此时，手机已经能通过路由器连接到 Internet 了。

图 3-13 设置完毕

（4）LAN 口设置。

LAN 口设置，也就是设置路由器的管理 IP 地址。通过该 IP 地址，计算机进入路由器的 Web 管理界面，可进行更详细的设置。

在手机或笔记本式计算机上，继续在浏览器的地址栏内输入"tplogin.cn"，输入设置好的管理员密码，进入 Web 管理界面，界面默认显示为"网络状态"，如图 3-14 所示，此时，路由器已经自动连接到 Internet 了。

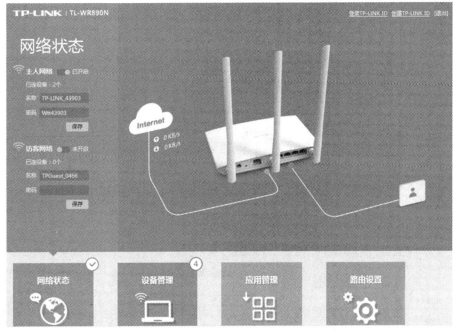

图 3-14 路由器的默认 Web 界面

单击下方导航栏中的"路由设置"图标,切换界面。选择"LAN 口设置"选项,如图 3-15 所示。此时,应该根据管理员要求,设置该路由器的 LAN 口地址。

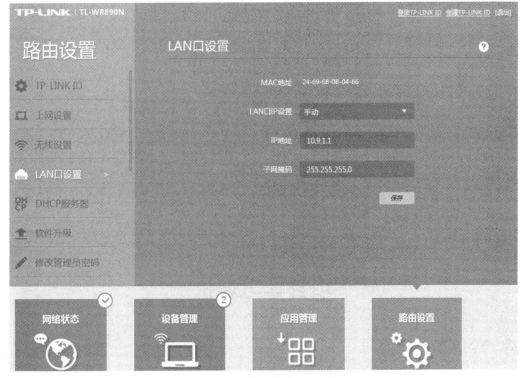

图 3-15 路由器的 LAN 口设置

(5)修改路由器的登录密码。

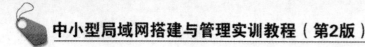

单击"修改管理员密码"按钮，如图 3-16 所示，输入原登录密码，输入新登录密码，并保存设置。

图 3-16　修改路由器登录密码

任务拓展　宽带路由器为计算机分配 IP 地址

如果不想给客户端计算机分配 IP 地址，但又想让所有客户端加入局域网，则可以使用宽带路由器的 DHCP（动态主机配置协议）功能，让它来为连入局域网的计算机动态地分配一个 IP 地址。

请按照这个思路，在宽带路由器上启动 DHCP，使路由器与交换机相连，为每个组的 8 台计算机动态分配 IP 地址，要求地址范围为"10.100.23.101～10.100.23.108"，客户机默认网关为"10.100.23.254"，子网掩码为"255.255.255.0"，首选 DNS 服务器 IP 地址为"119.6.6.6"。

项目学习评价

学习评价

连接到 Internet 是局域网用户的起码要求，Modem+宽带路由器是目前小型网络普遍采用的上网方案，要求同学们牢牢掌握。表 3-1 列出了项目学习中的重要知识和技能点，试着评价一下，查看学习效果如何。

表 3-1　重要知识和技能点自评

知识和技能点	学习效果评价
会安装 Modem 和路由器硬件及其附件	□好　□一般　□较差
会连接路由器和交换机、集线器等中心节点设备	□好　□一般　□较差
能根据路由器要求，修改及配置计算机 IP 地址	□好　□一般　□较差
会配置路由器的 LAN 口参数、WAN 口参数	□好　□一般　□较差
会修改路由器的登录账户和密码	□好　□一般　□较差

思考与练习

一、填空题

1．作为小型办公室局域网计算机，通过_____共享_____上网，是目前应用最广泛、最经济实惠、最受欢迎的一种 Internet 接入方案。

2．ADSL Modem 后面板上有三个基本插孔，分别标记有 Line、Ethernet 和 POWER，分别用来接_____、_____和电源插头。

3．安装 ADSL Modem 时，为了有效分离模拟语音信号和数字信号，必须要在线路中加_____。

4．ADSL 方案的最大特点是不需要改造信号传输线路，完全可以利用普通铜质_____作为传输介质。

5．要在普通电话线上使用 ADSL 技术上网，必须向电信部门申请，并获得_____和上网密码。

二、选择题

1．安装 ADSL Modem 时，来自电信局的电话线接入滤波器的_____接口。

　　A．LINE　　　　　B．PHONE　　　　C．DSL　　　　　D．Ethernet

2．宽带路由器后面板上有标记为 WAN 口的，用来接来自_____的双绞线，以实现通过虚拟拨号上网。

　　A．ADSL Modem

　　B．局域网交换机

　　C．局域网计算机

3．ADSL 方案中，上行速率是指_____。

　　A．用户计算机向局端设备进行数据发送的速率

　　B．局端设备向用户计算机进行数据发送的速率

4．在宽带路由器上配置 WAN 口参数的过程，就是设置_____。

　　A．上网账户和密码　　　　　　　　B．路由器本身的 IP 地址和子网掩码

　　C．路由器的登录账户与密码　　　　D．上网模式

5．在家庭光纤上网方案中，必须要安装_____设备，方可连接到 Internet。

A．ADSL Modem

    B．ONU

    C．宽带路由器

    D．以上设备都需要

三、实际操作题

假设有 3 台计算机需要连接到 Internet，目前已经有一台带 4 个 LAN 口的宽带路由器，请按共享 ADSL 宽带路由器的方案画出拓扑结构图。

提 高 篇

搭建中型局域网

　　小张所在公司这几年发展很快，业务四面开花，办公场地已从最初的一层楼写字间发展到拥有 4 幢办公楼；公司人员增长迅速，计算机信息化的水平已今非昔比，对网络的依赖越来越大。但以前各部门各自为政建设的小局域网络已经不能满足公司日益增长的业务需求。

　　改建、扩建、升级网络，从而提升信息化办公水平，成了摆在 IT 部门面前的重要任务。小张有幸被经理选中，参与其中一部分工作。

　　"小张，公司要搭建一个中型局域网络，对你来说可是一次难得的机遇，希望你在实战中，迅速提升自己，好好把握吧。"经理语重心长地说。

　　小张暗下决心，一定要好好干，不辜负领导对自己的期望。

项目 4

局域网 IP 地址规划

 项目背景

在入门篇中，已经对一个小型办公局域网采用了固定的 C 类 IP 地址，并且所有计算机都位于一个网段内（即具有相同网络 ID）。这种 IP 地址规划方式对规模不大（C 类网络最多允许有 254 个 IP 地址），安全性要求不高的网络是可行的，管理及维护都比较方便。但是大中型局域网存在重要区域或敏感数据，IP 地址需求远不及 254 个，此时采用单一网段 C 类 IP 地址就行不通了。

例如，一台主机向网段内发送定向广播包，所有位于同一个网段内的计算机都会接收并反馈这个广播包。这种情况在计算机数量不多的网络内是可以接受的。但在大中型网络内，要让成百上千台计算机接收并反馈这个广播，是极其低效的，也是绝不允许的。

古人云："谋定而后动"。IP 地址规划，是网络规划中极其重要的一环。

 项目描述

IP 地址规划，即根据用户单位情况，将单一网段分成逻辑上独立的子网，以保证数据和访问的安全性。

 规划局域网 IP 地址

 任务描述

子网划分是在子网掩码的帮助下，从物理上把网络划分成几个相对独立的网段，用路由器隔离广播，以提高网络安全性。

本任务的 IP 地址规划对象如表 4-1 所示。

表 4-1　IP 地址规划对象

建 筑 物	楼 层	部 门 名	现有主机数量	预计扩大主机数量	子 网 名	主机数量
A 幢	一层	生产部	40	100	SN1	140
	二层	设计部	20	20	SN2	40
	二层	管理部	10	5	SN2	15
	三层	培训部	50	50	SN3	100
B 幢	一层	营销部	8	10	SN4	18
	二层	企划部	5	5	SN5	10
	三层	财务部	8	4	SN6	12

 任务准备

（1）安装 IPSubnetter V1.2 绿色免费汉化版软件，可从电子资料包中获得。

（2）预备知识。

互联网数字分配机构（Internet Assigned Numbers Authority，IANA）将 A、B、C 类地址的一部分保留下来，作为私有 IP 地址空间，专门用于各类专有网络（如企业网、校园网和行政网等）的使用。私有 IP 地址段如表 4-2 所示。

表 4-2　私有 IP 地址段

分类	IP 地址范围	网 络 号	网 络 数	每个网络的主机数量
A	10.0.0.0～10.255.255.255	10	1	$2^{24}-2=16777214$ 台
B	172.16.0.0～172.31.255.255	172.16～172.31	16	$2^{16}-2=65534$ 台
C	192.168.0.0～192.168.255.255	192.168.0～192.168.255	255	$2^8-2=254$ 台

IANA 还规定，子网掩码二进制中的 1 必须连续，如 11111111.11111111.10111100.00000000 这样的子网掩码（转换成十进制为 255.255.188.0）是非法的。

子网的划分，实际上就是设计子网掩码的过程。

在默认情况下，C 类私有 IP 地址 192.168.0.0 的子网掩码为 255.255.255.0，换算成二进制便为 11111111.11111111.11111111.00000000，全为 1 的被称为子网掩码位，一共是 8×3=24 位。

在默认情况下，B 类私有 IP 地址 172.16.0.0 的子网掩码为 255.255.0.0，换算成二进制便为 11111111.11111111.00000000.00000000，全为 1 的被称为子网掩码位，一共是 8×2=16 位。

有时候，常将 IP 地址与其子网掩码为全 1 的位数一起表示，如 192.168.×.×/24，表示只有一个网段的 C 类网络；172.16.×.×/16 表示只有一个网段的 B 类网络。

但如果把子网掩码中全 1 的位数延长，就可以创造出更多网段的"新网络"。这就被称为子网，只不过每个子网内的主机台数变少了。

例如，B 类网络的子网掩码全 1 位数延长 3 位变为 19 位，即 11111111.1111 1111.11100000.00000000，那么它的十进制表示就是 255.255.224.0，与 IP 地址"按位与"运算后，可分别得到子网部分二进制为 000、001、010、011、100、101、110、111，转换成十进制分别为 172.16.0.0、172.16.32.0、172.16.64.0、172.16.96.0、172.16.128.0、172.16.160.0、

172.16.192.0、172.16.224.0，共 8 个子网 ID。所以，172.16.x.x/19 表示有 8 个网段的 B 类网络。

 操作指导

局域网 IP 地址规划及子网划分，可分成以下几个步骤。

1. 根据网络规模确定局域网 IP 地址类型

由于在该用户单位总共规划有 335 台主机，因此最好采用 B 类的"172.16.0.0"IP 地址段，其地址为 172.16.0.1～172.16.1.255。

2. 由子网个数确定子网掩码位数

在 TCP/IP 协议中规定，默认子网掩码全 1 延长位数与子网络个数密切相关。如子网掩码全 1 的位数延长 2 位，则其子网络个数为 2^2=4；如果子网掩码全 1 的位数延长 3 位，则其子网络个数为 2^3=8，以此类推。

由于本任务中某用户单位共有 6 个子网络，子网掩码全 1 延长位数应该大于 2，这里选择 3。每个子网络内可容纳的主机台数远远大于需求（2^{16-3}–2=8190）。

如果选择 C 类网络来创建 6 个子网络，则每个子网络内最多可容纳 30 台主机（2^{8-3}–2=30），这显然不满足要求。

3. 计算子网络的网络 ID、IP 地址范围、子网掩码

网络 IP 地址类型、子网掩码位数确定好后，就可以计算子网络的网络 ID、IP 地址范围、子网掩码、广播地址等参数。一个子网络中的起始地址是网络 ID，而最后一个地址就是广播地址。为了避免出错，网络管理员常使用软件 IPSubnetter 辅助规划。图 4-1 是运行"IPSubnetter"软件后的界面。操作步骤如图 4-1 和图 4-2 所示。

表 4-3 就是该 B 类网络的各子网参数。

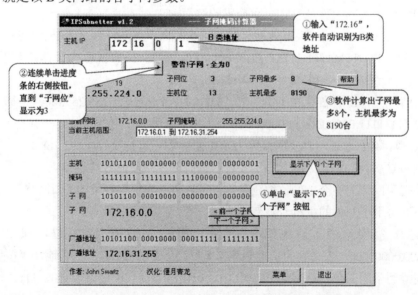

图 4-1 "IPSubnetter"软件运行界面

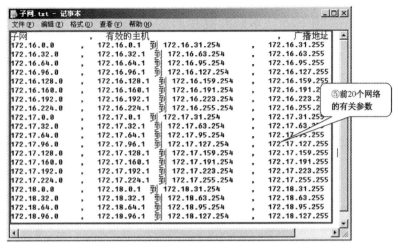

图 4-2　网络参数图

表 4-3　各子网参数

网络 ID（起始地址）	主机有效的 IP 地址范围	广播地址	子网掩码
172.16.0.0	172.16.0.1～172.16.31.254	172.16.31.255	255.255.224.0
172.16.32.0	172.16.32.1～172.16.63.254	172.16.63.255	255.255.224.0
172.16.64.0	172.16.64.1 ～172.16.95.254	172.16.95.255	255.255.224.0
172.16.96.0	172.16.96.1～172.16.127.254	172.16.127.255	255.255.224.0
172.16.128.0	172.16.128.1～172.16.159.254	172.16.159.255	255.255.224.0
172.16.160.0	172.16.160.1～172.16.191.254	172.16.191.255	255.255.224.0
172.16.192.0	172.16.192.1～172.16.223.254	172.16.223.255	255.255.224.0
172.16.224.0	172.16.224.1～172.16.255.254	172.16.255.255	255.255.224.0

4．确定各子网 IP 地址范围及子网掩码

给各部门计算机分配 IP 地址时，除了必须严格限定在指定 IP 地址范围内之外，为了识别方便，建议同一个子网的 IP 地址连续分配。表 4-4 所示为所有部门计算机的 IP 地址分配方案。

表 4-4　IP 地址分配方案

部 门 名	子 网 名	主机数量	IP 地址范围	子 网 掩 码
生产部	SN1	140	172.16.0.1～172.16.0.140	255.255.224.0
设计部	SN2	40	172.16.32.1～172.16.32.40	255.255.224.0
管理部	SN2	15	172.16.32.41～172.16.32.55	255.255.224.0
培训部	SN3	100	172.16.64.1 ～172.16.64.100	255.255.224.0
营销部	SN4	18	172.16.96.1～172.16.96.18	255.255.224.0
企划部	SN5	10	172.16.128.1～172.16.128.10	255.255.224.0
财务部	SN6	12	172.16.160.1～172.16.160.12	255.255.224.0

小提示：子网的增多往往意味着网络管理员工作量的增加、路由设备中路由条目的增加。所以，除了安全性考虑或者客户端数量庞大的情况之外，不要设置过多的子网。网络管理员需要在安全性、网络性能与维护工作量之间选择一个均衡点。

任务拓展　使用 VLSM 技术规划更加节约 IP 地址资源

在本任务中划分子网，每个子网能容纳的主机数目远大于需求的主机数目，造成了 IP 地址资源大量闲置。为了更有效地使用 IP 地址，CIDR（无类域间路由）应运而生。有了 CIDR，便不再存在网络分类。

CIDR 使用可变长子网掩码（Variable Length Subnet Mask，VLSM）来划分子网。请阅读相关的技术资料，尝试运用地址空间 172.16.0.0 来为本任务所在的单位划分子网。

项目学习评价

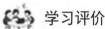 学习评价

到此为止，本项目已经学习完毕。表 4-5 列出了项目学习中的重要知识和技能点，试着评价一下，查看学习效果如何。

表 4-5　重要知识和技能点自评

知识和技能点	学习效果评价
能理解单网段 IP 地址方案的不足	□好　□一般　□较差
理解子网划分的好处	□好　□一般　□较差
深刻理解子网划分的规则	□好　□一般　□较差
熟练掌握根据需要确定子网个数的步骤	□好　□一般　□较差

思考与练习

一、名词解释

子网划分

二、单选题

1. 某单位有 10 个部门，划分子网时，子网掩码延长位数应该是_____。
　　A．2 位　　　　　　B．3 位　　　　　　C．4 位　　　　　　D．5 位

2. 下列可以作为子网掩码的是_____。
　　A．11110011.11111111. 10111100.00000001
　　B．11111111.11111111. 11111100.00000000
　　C．11111110.11111111. 10111100.00000000
　　D．11111111.11111001. 10111101.00000000

3. IP 地址"192.168.0.×/24"中，用于表示网络 ID 的是_____。
　　A．192.168.0.×　　B．192.168.0.0　　C．192.168.0.255　　　　D．×

项目 5

综合布线系统方案设计

早上一上班，IT 经理就召集大家开会，经理扬起手中一摞图纸，宣布了公司准备组建培训中心网络的决定。他强调，为保证工程的高起点、高质量，公司决定采用综合布线的理念来设计网络系统。

小张主动向部门经理请缨，表示愿意在综合布线项目中多学点东西。经理给小张指定了一个有多年实践经验的师傅，就是被大家尊称为"大侠"的技术骨干——宋哥。

 项目背景

如今的时代是一个信息化时代，语音、数据、影像和其他信息已经与我们的生活息息相关，智能楼宇、智能大厦、智能小区、智能办公一类的概念已经深入人心，人们的工作、生活与学习已经离不开计算机网络系统了。支撑这些庞大网络系统的，正是综合布线系统。

综合布线（Premises Distributed System，PDS）是一门新发展起来的工程技术，它于 20 世纪 90 年代传入我国，并在工程上大量应用。它是计算机技术、通信技术、控制技术及建筑技术紧密结合的产物。

1. 工程概况

培训中心（4 幢）有四层楼房（建筑面积为 1681m^2，每层楼的房间结构完全相同，各层楼高均为 3m，图 5-1 所示为第一层平面图）。

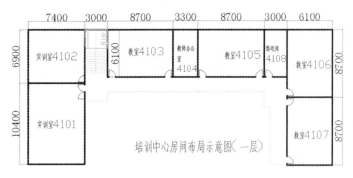

图 5-1　建筑平面图（第一层平面图）

现需在一至三楼各设一间教师办公室，一间弱电间，供干线线缆敷设及端接使用；在四楼取三间分别作为管理员办公室、中心机房及库房；其余房间作为多媒体教室和实训机房，信息点需求如表 5-1 所示。

表 5-1　信息点需求

楼层	房间	用途	数据点数	语音点数	楼层	房间	用途	数据点数	语音点数
一楼	4101	实训室	60		二楼	4201	实训室	60	
	4102	实训室	40			4202	实训室	40	
	4103	教室	1			4203	教室	1	
	4104	办公室	4	4		4204	办公室	4	4
	4105	教室	1			4205	教室	1	
	4106	教室	1			4206	教室	1	
	4107	教室	1			4207	教室	1	
	4108	弱电间				4208	弱电间		
三楼	4301	实训室	60		四楼	4401	办公室	6	6
	4302	实训室	40			4402	中心机房		
	4303	实训室	40			4403	库房		
	4304	办公室	4	4		4404	闲置		
	4305	实训室	40			4405	闲置		
	4306	实训室	40			4406	闲置		
	4307	实训室	40			4407	闲置		
	4308	弱电间				4408	闲置		

2. 具体要求

（1）实训机房配线间设在本房间内，只设数据点，并上行至本层弱电间。

（2）多媒体教室和教师办公室配线间设在本层弱电间，均需设置数据点。教师办公室还需设置语音点，语音点与数据点按 1∶1 配置。

（3）所有数据点都经由四楼中心机房网关设备接入 Internet（单模光纤已经引入）。所有语音点都经由四楼中心机房设备接入公众电话网络。

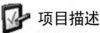 **项目描述**

本项目依据 GB 50311—2016《综合布线系统工程设计规范》，完成培训中心网络综合布线系统方案设计、工程图纸绘制、工程文档制作。

 设计综合布线系统

 任务描述

设计一个综合布线系统一般有以下几个步骤。

（1）分析工程概况及用户需求，确定系统设计目标。

（2）获取建筑物平面图。

（3）设计系统结构。

（4）设计布线路由。

（5）论证可行性。

（6）绘制综合布线施工图。

（7）编制综合布线物料预算表。

 任务准备

（1）获取用户工程说明书，并在用户的配合下进行详细的需求分析。

（2）考察现场，获取建筑平面图，熟悉建筑的结构。

（3）掌握方案设计的标准、要点、原则和步骤。

（4）熟悉布线产品，如传输介质、各种耗材、工具、器材等。

操作指导

1．方案设计的目标

（1）先进性。实施后的通信布线系统，能够适应现在和将来技术的发展，并且实现数据通信、语音通信、图像通信。整个局域网主干数据传输速率达到 10000Mb/s，数据传输速率 1000Mb/s 到桌面，并向下兼容 10/100Mb/s。

（2）灵活性。布线系统能够满足灵活应用的要求，工作区采用标准的 RJ-45 接口，兼容不同厂家的标准产品，使任一信息点能够连接不同类型的设备，如计算机、打印机、终端或电话、传真机。布线系统中，除去敷设在建筑内的缆线外，其余所有的接插件都应是积木式的标准件，以方便管理和使用。

（3）扩充性。布线系统的网络拓扑结构应以星形为主，可扩充性好，很容易将设备扩充进去。

（4）经济性。在满足应用要求的基础上，尽可能降低造价。

（5）可管理性。所有和信息点对应的端口均按照"楼幢号+楼层号+房间号+座位号"的规则编号，标识清楚，机房线路管理和维护起来方便。

2．方案设计所引用的标准

（1）国家标准 GB 50311—2016《综合布线系统工程设计规范》。

（2）EIA/TIA 568B 标准。

3．布线系统等级与模块类别选用

国家标准 GB 50311—2016《综合布线系统工程设计规范》规定，铜缆布线系统的分级与类别如表 5-2 所示。注意：3 类、5/5e 类（超 5 类）、6 类、6A 类、7 类、7A 类布线系统应能支持向下兼容的应用。

表 5-2　系统的分级与类别

系统分级	支持带宽（Hz）	支持应用器件	
		电缆	连接硬件
A	100k		
B	1M		
C	16M	3 类	3 类
D	100M	5/5e 类	5/5e 类
E	250M	6 类	6 类
E_A	500M	6_A 类	6_A 类
F	600M	7 类	7 类
F_A	1000M	7_A 类	7_A 类

综合布线系统工程的产品类别及链路、信道等级确定应综合考虑建筑物的功能、应用网络、业务终端类型、业务的需求及发展、性能价格、现场安装条件等因素，应符合表 5-3 所示的要求。

表 5-3　业务种类与介质选择

业务种类	配线子系统		干线子系统		建筑群子系统	
	等级	类别	等级	类别	等级	类别
语音	D/E	5e/6	C/D	5/3（大对数）	C	3（室外大对数）
数据	D/E/ E_A /F/ F_A	5e/6/6_A/7/7_A	D/E/ E_A /F/ F_A	5e/6/6_A/7/7_A（4 对）	------	---------
	光纤（多模或单模）	62.5 μm 多模/50μm 多模/<10μm 单模	光纤	62.5μm 多模/50μm 多模/<10μm 单模	光纤	62.5μm 多模/50μm 多模/<1μm 单模
其他应用	可采用 5e/6 类 4 对对绞电缆和 62.5μm 多模/50μm 多模/<10μm 多模、单模光缆					

注意：其他应用指数字监控摄像头、楼宇自控现场控制器（DDC）、门禁系统等采用网络端口传送数字信息时的应用。

从用户需求中，可以总结出使用线缆的情况。

① 4 对 6 类非屏蔽双绞电缆（CAT6 UTP），同时支持数据和语音传输（E 级）。

② 6 芯室内多模光纤，标称波长为 850nm，连接大楼数据系统，支持高速数据传输。

③ 25 对 3 类大对数电缆，作为语音系统的干线，连接大楼语音系统（C 级）。

从用户需求中，可以总结出使用接口模块的情况。

① 6 类信息模块，支持工作区数据接入和语音接入。光端口采用小型光纤连接器件及适配器。

② FD、BD、CD 配线设备采用了 8 位通用插座模块（RJ-45）和光纤连接器件及光纤适配器（单工或双工的 ST、SC 或 SFF 器件及适配器），8 位模块通用插座在整个系统中采用统一的 EIA/TIA 568B 标准。

4．系统设计图

根据工程概况分析，直接涉及的综合布线系统的子系统有工作区子系统、水平区子系统、垂直子系统、管理间子系统、设备间子系统。进线间子系统先期在运营商的指导下已经完工。由于是独幢建筑，所以建筑群子系统不予设计。

由于网络规模不大，设备间子系统及建筑物子系统可放在第 4 层的中心机房中，并且该层的数据点和语音点数量少，距设备间子系统近，设计时取消了该层的垂直子系统和管理间子系统，工作区电缆直接引到设备间子系统。系统设计图如图 5-2 所示。

🖐 **小提示**：在系统图中，主要由各个图标和必要的简短文字说明整个系统线路连接的具体含义。在设计系统图的过程中，既要简明扼要，又要细致，尽量充分反映整体构建状况。图中的每一个图标均代表着不同的含义，所以明确每一个图标及其作用尤为重要。

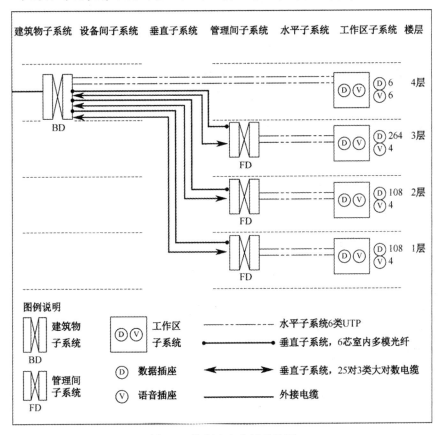

图 5-2 培训中心布线系统图

5．布线系统施工

实训机房的所有信息点采用双口地埋式插座（RJ-45 口和三相电源口，实训用计算机显示器和主机共用一根电源线），要求在地板上为电源线和双绞线缆分别敷设线槽，按规定隔开一定距离。

为了管理方便，实训室每个信息点经明装单口插座（RJ-45 口）先端接到同一房间的1000Mb/s 三级交换机上，三级交换机相互堆叠后上连到每层弱电间（管理间）的二级交换机上。由于实训室计算机采用无盘系统，服务器安放在中心机房（4 层），因此，为了确保不致因线路故障导致中断教学工作，必须确保上连线缆的用量与冗余量按 1∶1 配置。

教师办公室、多媒体教室、管理员办公室所有信息点采用明装双口插座（RJ-45 口、RJ-11口），要求在墙壁上为双绞线缆敷设线槽，线槽距离地面 30cm。一至三层的教师办公室、多媒体教室信息点直连到每层弱电间的二级交换机上。管理员办公室所有信息点直连到第四层的一级交换机上。

布放双绞线时，每一信道长度满足<100m 的上限规定，如图 5-3 所示。工作区设备缆线、楼层配线设备的跳线和设备缆线之和不应大于 10m；当大于 10m 时，水平缆线长度（90m）应适当减少。楼层配线设备（FD）跳线、设备缆线及工作区设备缆线各自的长度不应大于 5m。

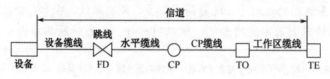

图 5-3　双绞线布线链路图

　小提示：这部分内容作为设计的一部分阐述总的线槽敷设方案，而不是指导施工，所以不包括线槽的规格和数量，另有专门的给施工方的文档用于指导施工。

6．综合布线系统施工平面图

（为了实训任务的合理分割，在本项目下一个任务中详述。）

7．综合布线系统物料预算表

（为了实训任务的合理分割，在本项目下一个任务中详述。）

8．布线系统的维护管理

布线系统竣工交付使用后，移交给用户的技术资料包括以下几类。
（1）信息点编号规则。
（2）配线架编号规则。
（3）端口对照表。
（4）房间信息点位置及编号表。
（5）布线系统详细设计文档。
（6）布线系统竣工文档（包括配线架电缆卡接位置图、配线架电缆卡接色序、线路测试报告等）。

知识链接　传输介质的分类及特性

网络传输介质是网络中发送方与接收方之间的物理通路，也是信息的载体，它对网络的数据通信具有一定的影响。一般的传输介质分类如图 5-4 所示。

在以上分类中，由于技术进步的原因，曾经风靡一时的同轴电缆基本上已经绝迹，双绞线和光纤在有线介质中占据了绝对的主流。

1．双绞线

（1）按结构形式来分，双绞线分为非屏蔽双绞线（UTP）和屏蔽双绞线（STP）。非屏蔽双绞线价格便宜，传输速度偏低，抗干扰能力较差。屏蔽双绞线抗干扰能力较好，具有更高的传输速度，但价格相对较贵。

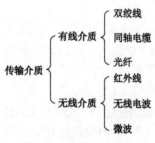

图 5-4　传输介质分类

（2）按照铜芯线的线径粗细来分，有 3 类、4 类、5 类、超 5 类、6 类、7 类等多种双绞线，前者线径细，后者线径粗。但是在计算机网络中，现在常用的是超 5 类、6 类的 4 对双绞线。表 5-4 所示为各类双绞线类别、带宽、传输速率及应用场合。

表 5-4 双绞线类别、带宽、传输速率及应用场合

类 别	标 注	带 宽	传 输 速 率	应 用 场 合
3 类	CAT3	16MHz	10Mb/s	
4 类		20MHz	16 Mb/s	
5 类	CAT5	100MHz	100 Mb/s	百兆位以太网
超 5 类	CAT5E	100MHz	100 Mb/s	百兆位以太网
6 类	CAT6\CAT6A	250～500MHz	1000Mb/s	千兆位以太网
超 6 类	CAT6E	250～500MHz	1000Mb/s	千兆位以太网
7 类	CAT7	500MHz 以上	10Gb/s	万兆位以太网

小提示：线缆的频带带宽（MHz）和线缆上传输的数据速率（Mb/s）是两个截然不同的概念。MHz 表示的是单位时间内线路中传输的信号振荡的次数，是一个表征频率的物理量，而 Mb/s 表示的是单位时间内线路中传输的二进制的数量，是一个表征速率的物理量。传输频率表示传输介质提供的信息传输的基本带宽，带宽取决于所用导线的质量、每一根导线的精确长度及传输技术。而传输速率则表示在特定的带宽下对信息进行传输的能力。

图 5-5 所示为 6 类屏蔽双绞线，图 5-6 所示为 6 类非屏蔽双绞线，它比 5 类线稍粗，并且中间有一根用来保护线缆的十字骨架，将每一线对分隔开，提供了更好的串绕。

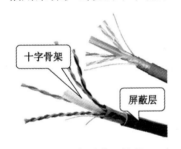

图 5-5 6 类屏蔽双绞线

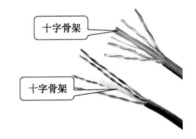

图 5-6 6 类非屏蔽双绞线

目前，各类双绞线都要求布线距离在 100m 之内，才能达到稳定的传输性能，否则，中间必须配置中继设备（如信号放大器或延长器），以成倍地延长传输距离。

（3）按照电缆对数来分，双绞线缆内有 1 对、2 对、4 对、25 对、50 对等两两相互绞合在一起的铜芯电缆，这种相互绞合的结构在工作时，可抵御一部分外界电磁波干扰，并且使每一根导线在传输中辐射的电波被另一根线上发出的电波抵消。

除了 4 对双绞线外（项目 2 任务 3 中有详细介绍），市面上还存在大对数双绞线。图 5-7 所示为 25 对，俗称为"25 对大对数电缆"。每个线对束都有不同的颜色编码。

大对数电缆有 3 类和 5 类之分，一般用作语音网络主干线。

2. 光纤

1）光纤工作原理

光纤是光导纤维的简称，由直径大约为 0.1mm 的细玻璃丝构成。它透明、纤细，虽比头

发丝还细，却具有把光封闭在其中并沿轴向进行传播的导波结构，如图 5-8 所示。

光纤的中心是光传播的玻璃芯，芯外面包围着一层折射率比芯低的玻璃封套，使射入纤芯的光信号，经包层界面反射，使光信号在纤芯中传播前进。

 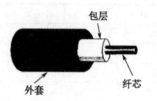

图 5-7　25 对大对数电缆　　　　　　　　图 5-8　光纤结构图

2）光纤的分类及传输特性

光纤的种类很多，分类方法也各种各样。但是，工程上经常按照光纤传输点模数的不同来分类。什么是模数呢？其实就是指以一定角速度进入光纤的一束光。如果光纤中只有一种模式光束，则这根光纤就被称为单模光纤，如图 5-9 所示。若有多种模式的光束进入，则被称为多模光纤，如图 5-10 所示。

图 5-9　"单模"光纤　　　　　　　　图 5-10　"多模"光纤

单模光纤的纤芯直径为 8.3μm，包层外直径 125μm，在外套皮上标注的规格为 8/125μm。多模光纤的纤芯直径为 50～62.5μm，包层外直径 125μm，在外套皮上标注的规格为 50/125μm（欧洲标准）和 62.5/125μm（美国标准）。

千兆位以太网光纤包括 1000BASE-SX、1000BASE-LX、1000BASE-LH 和 1000BASE-ZX 等 4 个标准。其中，SX（Short-Wave）为短波，LX（Long-Wave）为长波，LH（Long-Haul）和 ZX（Extended Range）为超长波，1000BASE-SX 和 1000BASE-LX 既可使用单模光纤，又可使用多模光纤；而 1000BASE-LH 和 1000BASE-ZX 只能使用单模光纤。各类千兆以太网光纤的传输距离如表 5-5 所示。

表 5-5　各类千兆以太网光纤的传输距离

标　准	波长/nm	模式	芯径/μm	带宽/MHz·km	传输距离
1000BASE-SX	850	多模	62.5	160～200	220～275m
	850	多模	50.0	400～500	500～550m
1000BASE-LX	1300	多模	62.5	500	550m
	1300	多模	50.0	400	550m
1000BASE-LH	1300	单模	50.0	—	550m
	1300	单模	8～10	—	10km
1000BASE-ZX	1550	单模	N/A	—	70～100km

3）光纤的应用前景

由于光纤在传输信息时使用光信号，而不是电信号，所以光纤传输的信息不会受到电磁干扰的影响。此外，光纤功率损失少、传输衰减小、保密性强，并有极大的传输带宽（目前新技术可使传输速率达到 10Gb/s 以上），被广泛应用于网络综合布线的建筑群子系统和建筑物子系统（后续任务中有介绍）。

随着光纤和光网设备价格的不断下降，以及对网络带宽需求的不断增长，光纤也会逐渐走进水平布线系统。

3. 无线传输介质及组网特点

无线传输就是指可以在自由空间利用电磁波发送和接收信号的传输方式。地球上的大气层为大部分无线传输提供了物理通道，即常说的无线传输介质。

由于无线信号不需要物理的媒体，它可以克服线缆限制带来的不便，解决某些有布线困难区域的联网问题，所以在组建局域网络时，无线传输介质常作为有线传输介质的补充。

由无线电波这种传输介质组成的无线局域网有很多优点，如易于安装和使用、易于规划和调整、故障定位容易、易于扩展。

但无线传输也有许多不足之处。

（1）数据传输率一般比较低，远低于有线局域网。按照目前广泛支持的 802.11a 无线局域网协议，无线传输速率只有 54Mb/s。即便是支持 802.11g 无线局域网协议的设备，无线传输速率也仅仅为 108Mb/s。

（2）数据传输范围有限，无线电波组成的局域网的有效覆盖半径为 90m 左右。

（3）无线电波局域网的误码率也比较高，而且站点之间相互干扰比较厉害。

（4）无线局域网的安全性也值得关注。

 知识链接 综合布线系统的基本概念和特点

什么是综合布线系统？

我国在 1997 年 9 月发布的通信行业标准《大楼通信综合布线标准》（YD/T 926.1—1997）中，对综合布线系统的定义如下："通信电缆、光缆、各种软电缆及有关连接硬件构成的通用布线系统，它能支持多种应用系统。"综合布线系统中不包括应用的各种设备。

简言之，综合布线系统是利用光纤和双绞线等传输介质来传递信息，在一幢建筑物或一个园区内，把电话、计算机、电视、监视器等设备连接起来的结构化、模块化、集成化的传输系统。

综合布线系统最大的特点是结构化。在工程领域，也有人把综合布线系统称为"结构化布线系统"。在这种系统中，模块化特点使每个点的故障、改动或增删不影响其他的点，使安装、维护、升级和扩展都非常方便，并节省了费用。由于这种系统遵循统一标准，因此使系统的集中管理成为可能。

而传统布线方式由于缺乏统一的技术规范，用户必须根据不同应用选择多种类型的线缆、接插件和布线方式，造成线缆布放的重复浪费，缺乏灵活性并且不能支持用户应用的发展而需要重新布线。

知识链接　综合布线子系统功能

国家标准 GB 50311—2016《综合布线系统工程设计规范》规定，在综合布线系统工程设计中，应考虑系统的管理问题，易于安装、维护、升级和扩展。为此将系统分成七大子系统：工作区子系统、水平区子系统、管理间子系统、设备间子系统、垂直干线子系统、建筑群子系统、进线间子系统。七大子系统可以单独设计、单独施工，更改一个子系统时，不影响其他子系统。图 5-11 所示为综合布线系统立体示意图。

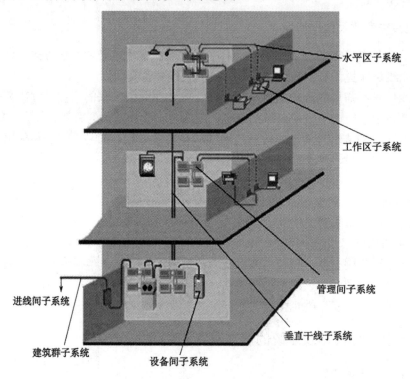

图 5-11　综合布线系统立体示意图

进线间子系统为的是满足不同运营商业务的需要，避免一家运营商自建进线间后，独占建筑物的宽带接入业务。

1．工作区子系统

工作区子系统（Work Area Subsystem）直接面向网络应用，有的地方又称为服务区子系统，它由终端设备（TE）连接到信息插座模块（TO）之间的设备组成，如图 5-12 所示。

连接跳线包括双绞线、电话线及其他设备接入电缆。

适配器包括各种用于耦合的、端接的、桥接的、保护的、转换的连接设备，如 RJ-45 水晶头、光纤耦合器 LC、FC 等。

2．水平区子系统

水平区子系统（Horizontal Subsystem）一般处在同一楼层上。它实现工作区信息插座与管理间子系统之间的连接。它的作用是将电缆从楼层配线间连接到各用户工作区的信息插座上，如图 5-13 所示。

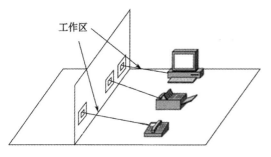

图 5-12　工作区子系统

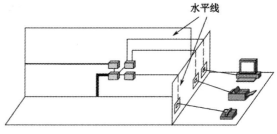

图 5-13　水平区子系统

现在，在水平区子系统中，传输介质常采用 6 类双绞线布线，以实现千兆传输，基本上能满足主要网络应用之需。当然，也有采用 7 类双绞线布线的，这样的布线系统更具有前瞻性，充分考虑了未来发展之需，但是成本会非常高。有些企事业单位（如某些服务运营商）干脆采用光纤布线，直接让光纤进入用户桌面。

小提示： 水平区子系统不一定全部水平布线，如某楼层信息点较少，可集中到其他楼层，以利于配线。实际上，水平区子系统指从信息点到楼层管理间机柜之间的路由和布线系统。

3．管理间子系统

管理子系统（Administration Subsystem）一般位于楼层的中间，可以把它理解成安放交换机柜、配线架、电源及其他输入/输出设备的管理间。它负责联系垂直干线子系统和水平区子系统。

4．设备间子系统

设备间一般也称为网络中心或机房，它是整个网络的枢纽所在。设备间是在每一幢大楼的适当地点设置进线设备，进行网络管理和信息交换的场所，设备间也是管理人员值班的场所。设备间子系统（Equipment Subsystem）一般包括程控电话交换机、主配线架、核心交换机、核心路由器、防火墙、楼宇自控设备、监控设备、服务器等硬件设施。

5．垂直干线子系统

垂直干线子系统（Riser Backbone Subsystem）的作用是将管理间子系统与设备间子系统连接起来。它由大对数语音电缆、光纤等组成，它是建筑物内的主干线缆和楼层之间的垂直干线电缆的统称。垂直干线子系统是网络信息传输的主干道。

6．建筑群子系统

建筑群子系统（Campus Subsystem）是室外连接电缆或光缆的总称，它主要实现楼宇与楼宇之间的通信连接，所以在有的地方又把建筑群子系统称为楼宇子系统。如图 5-14 所示，它通常采用光缆或大对数铜缆连接。

7．进线间子系统

进线间是指建筑物外部通信和信息管线的入口部位，并可作为入口设施和建筑群配线设备的安装场地。

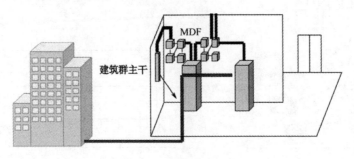

图 5-14　建筑群子系统

 知识链接　常用名词、术语、符号及缩略词

　　国家标准中对涉及网络综合布线的一些名词、术语、符号及缩略词进行了规定。表 5-6 所示为 GB 50311—2016 中部分符号和缩略词的规定，掌握它们对于看懂设计施工图很重要。

表 5-6　GB 50311—2016 中的部分符号和缩略词的规定

符　号	英 文 名 称	中文名称或解释
BD	Building Distributor	建筑物配线设备
CD	Campus Distributor	建筑群配线设备
FD	Floor Distributor	楼层配线设备
TO	Telecommunications Outlet	信息插座
CP	Consolidation Point	集合点
dB	dB	电信传输单元：分贝
0F	Optical Fibre	光纤
SC	Subscriber Connector	用户连接器（光纤连接器）
SFF	Small form Factor Connector	小型连接器
TE	Terminal Equipment	终端设备

 绘制综合布线系统工程图

 任务描述

　　工程图，最简单的理解就是指导施工的依据，也是编制工程预算和进行技术管理的重要技术文件。换句话说，工程图是在工程正式实施前由设计人员在图纸上用图纸语言符号把工程预先完整地实施一遍。工程图经过层层审核后，交给施工方。施工方严格按工程图施工。工程建设完毕后，也严格按工程图验收。

　　工程图一般包括以下几方面的内容。

　　（1）系统设计图，它反映了综合布线系统各子系统的构成、线缆交接位置、管线路由、楼层信息点总数量。

　　（2）楼层信息点分布平面图，它反映了数据点和语音点在楼层上的详细位置、管线数量、敷设装置说明。

（3）机柜大样图，它反映了安装在机柜内的配线架和交换机等交接设备的编号、型号、上下位置。

（4）机柜信息点布局图，或称"端口对照表"，它反映了信息点在交接设备上的端口号或端接位置，一般由表格构成，主要为了后期维护方便。

工程图简单清晰地反映了网络和布线系统的结构、管线路由和信息点分布等情况。因此，识图、绘图能力是综合布线工程设计与施工人员必备的基本功。

系统设计图在上一个任务中已经介绍，这里不再赘述。本任务重点介绍如何绘制楼层信息点分布平面图、机柜安装大样图、机柜信息点布局图。

任务准备

（1）绘制工程图一般需要安装 AutoCAD 和 Visio，任务实施时，学生需先熟悉这两款软件的使用。此外，学生还应该掌握 Microsoft Excel 的使用。

（2）绘制工程图之前，请先向建设方索取建筑平面图。

操作指导

1. 用 AutoCAD 绘制楼层信息点分布平面图

以培训中心一层为例，其他各层的制作方法大体相同。步骤如下。

（1）打开 AutoCAD 软件，并找到本书资源中的文件"培训中心一层布局示意图.dwg"，另存为"培训中心一层信息点分布平面图.dwg"，并修改图形下方的对应说明文字。

（2）确定各房间信息点和语音点位置，以及图标的表示。为了简明起见，信息点一律用大写的 D 字符带圈显示，其属性有：宋体，200 像素，加粗。圆圈线宽 0.3mm，半径 200 像素。语音点一律用大写的 V 字符带圈显示，其属性有：宋体，200 像素，加粗。圆圈线宽 0.3mm，半径 200 像素。效果如图 5-15 所示（截取办公室 4104 房间和教室 4105）。

（3）确定实训室 4101 和实训室 4102 的信息点位置。二间实训室共有 100 个信息点，线缆分别在室内的三级交换机交接后上连接到弱电间的二级交换机，所以在这两个房间内设置交接点，并用如图 5-16 所示的图标来表示。

图 5-15　4104 和 4105 平面图

图 5-16　交接点图标

（4）从"弱电间 4108"开始向各房间画粗实线（线型为直线、蓝色、线宽 0.3mm），代表 6 类非屏蔽双绞电缆（CAT6 UTP）走向，也代表线槽敷设位置。实训室 4101 和实训室 4102 的信息点向房间内的交接点（学生用机）画粗实线（线形为直线、蓝色、线宽 0.3mm）。

（5）信息点编号。数据点编号规则为"D+房间号+数据点号"，如办公室 4104 的第一个数据点编号为"D41041"，第二个数据点编号为"D41042"。语音点编号规则为"V+房间号+

数据点号"，如办公室4104的第一个语音点编号为"V41041"，第二个数据点编号为"V41042"。同一个房间若有多个信息点，则按进门后从左侧墙起算。实训室4101和实训室4102的信息点采取特殊的"D+列号+行号"的规则编号，如第1列第1行的信息点编号为"D0101"，第10行第10列的信息点编号为"D1010"。其文字属性为宋体，100像素，加粗。

（6）标识线缆类型及数量。标识规则为"线缆类别*线缆根数"，如"CAT6 UTP *12"表示线管内敷设有6类线非屏蔽双绞线12根，"CAT5E UTP *12"表示线管内敷设有超5类非屏蔽双绞线12根，以此类推。

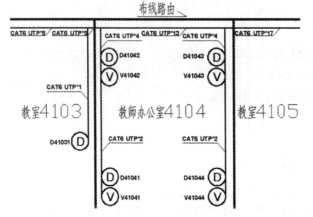

图 5-17　布线路由局部示意图

小提示：标识线缆数量时不可随意而为，它涉及敷设线管的规格和长度。标识顺序应从信息点开始，沿着布线路由，线缆数量逐步增加，直到交接区（管理间）。图 5-17 所示为布线路由上标识线缆数量逐步增加的情形。

标识时，要特别注意实训室4101和实训室4102中的上连线缆数量，确保实际用量与冗余量按 1:1 配置。图 5-18 所示为实训室 4101 的线缆类型及数量标识局部示意图。

（7）添加必要的图例和文字性说明，方便施工人员读懂工程图。文字属性为宋体，200 像素。

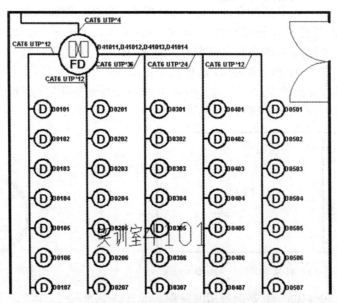

图 5-18　实训室 4101 的线缆类型及数量标识局部示意图

（8）添加工程图管理信息。这些信息包括项目名、制图者、审核者、制图日期、图纸版本等。文字属性为宋体，200 像素。

制作好的工程图最终效果如图 5-19 所示。

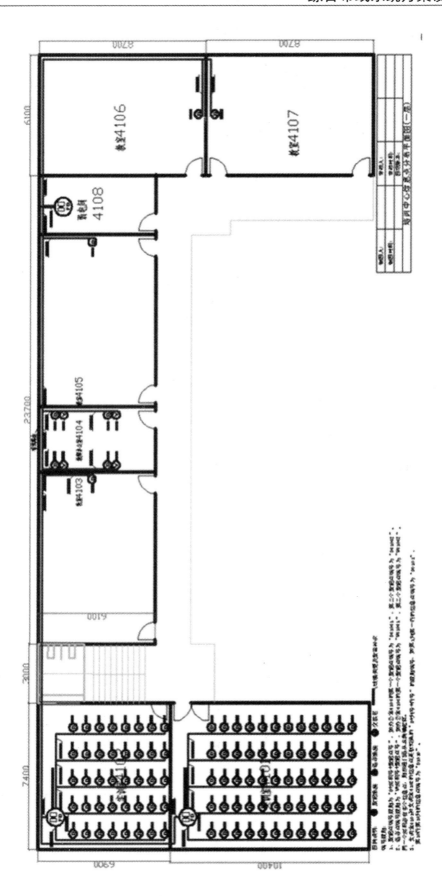

图 5-19 工程最终效果图

2．制作机柜安装大样图

机柜安装大样图是安装在机柜内的各个设备的立体安装表示形式，它在设计阶段就反映了各种购置的设备在机柜中的安装情况。这里以安装在弱电间的机柜为例，启动 Microsoft Visio 2007，安装大样图制作步骤如下图 5-20 所示。

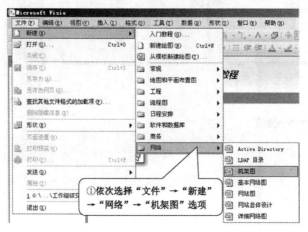

图 5-20　启动 Microsoft Visio 2007

（1）单击左侧"形状"工具栏中的"机柜"图标（图 5-21），将其拖动到右侧编辑区，默认将创建一个标准的 19 英寸、42U 高的机柜，如图 5-22 所示。

（2）本层弱电间只需安装 24 口千兆交换机一台、110 型语音配线架一台、理线环一台，为节省成本，只需订购 22U 机柜（高度 1435mm）一台。所以，需要修改默认尺寸，方法为选中绘图区的机柜，右下角自动弹出属性框，修改"单元高度"的值为 20 即可，如图 5-23 所示。

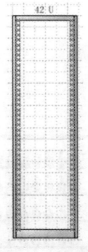

图 5-21　拖入机柜　　　　图 5-22　42U 机柜　　　　图 5-23　修改机柜高度

（3）单击左侧"形状"工具栏中的"交换机"图标，将其拖动到距机柜顶部 7U 的合适位置。注意：默认情况下，Microsoft Visio 2007 的交换机形状只有 12 口，如图 5-24 所示，需由用户把原有形状取消组合后，添加 12 口的形状，再次组合，如图 5-25 所示。

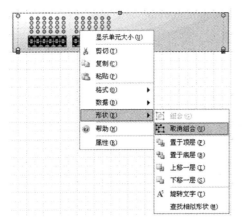

图 5-24　取消组合图形

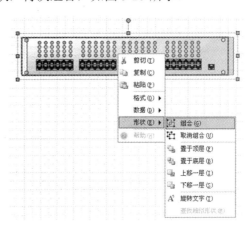

图 5-25　组合图形

（4）在"交换机"形状下添加"理线环"形状。由于 Microsoft Visio 2007 没有"理线环"形状，这里可拖入"架"形状代替。

（5）隔开 1U 的距离，拖入语音配线架。由于 Microsoft Visio 2007 没有"语音配线架"形状，这里可拖入"配线板"形状代替。

（6）在"语音配线架"形状下面，拖入"理线环"形状。

（7）由于 Microsoft Visio 2007 没有"110 型语音配线架"形状，因此需要由用户自行绘制，可拖入"架"形状，用直线工具画出如图 5-26 所示形状，模拟"110 型语音配线架"。

（8）隔开 1U 的距离，拖入刚才制作好的"110 型语音配线架"形状到机柜内。

（9）隔开 1U 的距离，拖入"光纤配线架"形状。由于 Microsoft Visio 2007 没有"光纤配线架"形状，这里拖入"接线板"形状代替。此时，机柜内部安装示意图如图 5-27 所示。

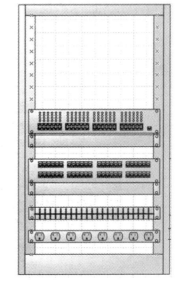

图 5-26　模拟 110 型语音配线架

图 5-27　机柜内部安装示意图

（10）为交换机和语音配线架命名和编号，添加高度说明。

 小提示：注意，添加编号时，也应从下向上开始计数。

（11）添加工程图管理信息。这些信息包括项目名、制图者、审核者、制图日期、图纸版本等。文字属性为宋体，8pt。完成后的最终效果如图 5-28 所示。

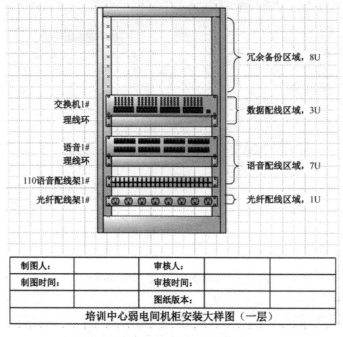

图 5-28　机柜安装完成效果图

3．机柜信息点布局图

机柜信息点布局图一般用 Microsoft Excel 来制作。这里以制作一层弱电间机柜信息点布局图为例，制作步骤如下。

（1）打开 Microsoft Excel，另存为"培训中心一层弱电间机柜信息点布局图.xls"。

（2）制作表头。为了清晰起见，"端口编号"行用灰色背景填充。

（3）按信息点布局工程平面图中的约定，在表格中填入其编号。填充完毕后的效果如图 5-29 所示。

交换机1#

端口编号	1	2	3	4	5	6	7	8	9	10	11	12
信息点编号	D41011	D41012	D41013	D41014	D41021	D41022	D41023	D41024	D41031	D41041	D41042	D41043
端口编号	13	14	15	16	17	18	19	20	21	22	23	24
信息点编号	D41044	D41051	D41061	D41071								

语音1#

端口编号	1	2	3	4	5	6	7	8	9	10	11	12
信息点编号	V41041	V41042	V41043	V41044								
端口编号	13	14	15	16	17	18	19	20	21	22	23	24
信息点编号												

制图人：		审核人：	
制图时间：		审核日期：	
		图纸版本：	

图 5-29　培训中心一层弱电间机柜信息点布局图

注意：工程实践中，为了操作方便，也为了以后扩展其他设备，一般先靠近下方安装设备，留出操作空间和方便以后扩展空间，依次向上安装其他设备。

任务 3　编制综合布线系统物料预算表

任务描述

综合布线系统物料预算表是工程概预算的重要内容，也是对工程造价进行控制的主要依据。

本任务就学习在工程设计方案中如何编制物料预算表。

任务准备

（1）仔细阅读楼层信息点分布平面图、系统设计图及其说明事项、注意事项。

（2）掌握 Microsoft Excel 的使用，特别是公式的应用。

操作指导

1．制作表头

（1）打开 Microsoft Excel，新建文档，并另存为"培训中心综合布线系统物料预算表.xls"。

（2）制作表头时，首先，要考虑到表中内容能充分说明工程完工所需要的材料及其数量，其次，对每项材料应有用途进行说明，最后，每项材料的单价、小计要清晰。为明晰起见，表头用灰色背景填充，且单价、数量、小计列要求右对齐。制作好的表头如图 5-30 所示。

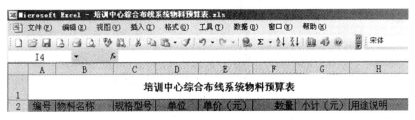

图 5-30　制作好的表头图

2．统计各项物料所需数量

仔细阅读信息点分布平面图和系统设计图，获取各项物料名称、规格型号及数量。注意，制作预算表时，常见耗材如水晶头、信息插座等所需数量应留出适当富余量（10%～20%），以便安装出现损耗时更换。统计过程如下。

（1）单口信息插座（含模块）：实训室有 6 个，计 300 个；教室 12 个，计 12 个，预算 320 个。

（2）双口信息插座（含模块）：办公室 12 个（一到三层各 4 个），管理员办公室 6 个，总计 18 个，预算 20 个。

（3）水晶头：实训室 300 个信息点，用于连接交换机，计 300 个；制作学生机连接到信息插座的跳线，需要 600 个；合计 900 个。办公室、教室、机柜采用成品跳线，无须手工制作。考虑到正常损耗，预算 950 个。

（4）插座底盒：有信息点的地方就有插座底盒，它应该等于单口和双口信息插座之和，预算 340 个。

（5）双绞线：根据信息点密集程度，分成实训室和其他共两处进行计算。

① 实训室：测量信息点分布平面图，离交接区最远的信息点距离 F 为 12.3m，最近距离 N 为 0.8m，总的双绞线根数 n 计 300 根。所需双绞线总长度 $L=n*[0.55(F+N)+6]=3961m$。其中，表达式"$[0.55(F+N)+6]$"为线缆的平均长度。

② 其他：测量信息点分布平面图，离弱电间交接区最远的信息点距离 F 为 40.5m，最近距离 N 为 4.2m，总的双绞线根数 n 计 66 根。所需双绞线总长度 $L=[0.55(F+N)+6]*n=2018m$。其中，表达式"$[0.55(F+N)+6]$"为线缆的平均长度。

另外，实训室每个工作区需要制作 3m 跳线，以连接学生计算机，需要 900m。

两项合计 6879m。按富余量 10%预算，约 7500m。

 小提示：注意，工程上双绞线缆 都是以箱计的，每箱约 305m。按上述统计，需要 7500÷305 ≈ 25 箱。

（6）光缆：预算 100m。

（7）大对数语音电缆：预算 100m。

（8）PVC 线槽：应该根据每一段 CAT6 UTP 线缆的根数来确定管槽的规格和长度。按上面的计算结果，PVC 线槽预算 7500m。

（9）24 口配线架：需要 3 台，预算 3 台。

（10）光纤配线架，含熔接盘、尾纤、适配器、热缩导管等辅助器材。一到三层各需要 1 台套，共需要 3 台套，预算 3 台套。

（11）语音配线架：一到三层各需要 1 台套，共需要 3 台套，预算 3 台套。

（12）理线环：预算 36 个。

（13）网络机柜：一到三层实训室需要 6 台，一到四层弱电间需要 4 台，中心机房需要 2 台，共计 12 台，预算 12 台。

（14）24 口交换机：一到三层的 1 号房间各 60 个信息点，各层需 24 口交换机 3 台；2 号房间各 40 个信息点，各层需 24 口交换机 2 台，实训室小计 15 台；一到三层弱电间需要 1 台；中心机房需要 1 台。因此，共计 18 台 24 口交换机，预算 18 台。

（15）光纤收发模块（含光跳线）：一到三层弱电间各需 1 套，中心机房需要 4 套，小计 7 套，预算 7 套，用来实现各楼层与中心机房间数据的高速传输。

（16）1m 网络跳线：用来实现交换机之间或配线架与交换机之间的跳转，预算 20 根。

（17）鸭嘴跳线：用来实现 110 配线架与语音配线架之间的跳转，预算 20 根。

（18）其他配件。

3．计算物料总价

工程实践中，预算价格还应在物料总价基础上加上税金、设计费等其他费用。

4．加上制表信息

统计结果如图 5-31 所示。

培训中心综合布线系统物料预算表

编号	物料名称	规格型号	单位	单价（元）	数量	小计（元）	用途说明
1	单口信息插座（含模块）	CAT6，RJ-45接口，86型系列塑料	套	20	320	6400	实训室及教室
2	双口信息插座（含模块）	CAT6，RJ-45接口，86型系列塑料	套	40	20	800	办公室用
3	水晶头	RJ45	个	1	950	950	
4	插座底盒	86型，明装	套	5	340	1700	
5	双绞线	CAT6 UTP	箱	700	25	17500	水平子系统
6	光缆	6芯，室内，多模光纤	米	100	100	10000	垂直干线子系统
7	大对数语音电缆	25对，3类	米	100	100	10000	垂直干线子系统
8	PVC线槽	白色	米	3	7500	22500	
9	24口配线架	2u	套	1000	3	3000	网络机柜
10	光纤配线架	1u	套	1000	3	3000	网络机柜
11	110语音配线架	1u	套	1200	3	3600	网络机柜
12	理线环	1u	个	20	36	720	网络机柜
13	网络机柜	20u	套	600	12	7200	
14	24口交换机	2u	台	1500	18	27000	实训室，弱电间
15	光纤收发模块（含光跳线）	sfp	套	1000	7	7000	各楼层与中心机房间数据高速传输
16	1m网络跳线	CAT6 UTP	根	5	20	100	网络机柜
17	鸭嘴跳线	1对	根	100	20	2000	4个网络机柜
18	其他配件					500	标签、螺钉等

图 5-31　统计结果

知识链接　选择线管和线槽

　　管槽常用来容纳架空、墙壁或地槽内的电缆，管理布线路由，并使布线更美观，也间接使电缆免受潮湿、减少电磁干扰，以及防止老鼠啃咬。管槽从断面上可分成圆形、矩形，从材料上可分成金属、塑料。

　　如果是埋在地槽内，则多选圆形管槽。如果是在墙壁上，则多选矩形或圆形。而如果是架空电缆布线，则要选择强度更大的金属管槽。

　　不管选择哪种形式的管槽，在规格上都要考虑槽内能容纳多少电缆。若电缆根数过多，则会造成物理挤压，影响传输性能。电缆根数过少，又会浪费空间。管槽规格主要指断面积大小，工程上可采用以下简易公式来计算。

$$S_{管}＝（n×S_{线}）÷[0.7×（0.4～0.5）]$$

式中：$S_{管}$——管槽断面积；

　　　$S_{线}$——线缆断面积，这是已经知道了的；

　　　n——需要容纳的电缆根数，这也是已经知道了的；

　　　0.7——布线标准规定的槽内空间占用率，在该值下电缆不会产生物理挤压；

　　　0.4～0.5——线缆之间浪费的空间。

工程上常参照表 5-7 选择 PVC 线管。

表 5-7　PVC 线管穿线数量对照表

穿 UTP 线数量/根	PVC 管径/mm
1 或 2	15
2 或 3	20
4 或 5	25
5 或 6	32
7～11	40
12～14	50

工程上常参照表 5-8 选择 PVC 线槽。

表 5-8　PVC 线槽穿线数量对照表

穿 UTP 线数量/根	PVC 线槽（宽*高）
2	20mm×10mm
3	24mm×14mm
10	39mm×18mm
20	60mm×22mm

 知识链接　计算水平区子系统双绞线用量

在综合布线总成本中，双绞线成本占 30%～50%，这是一个不容小视的百分比。而水平区子系统所用线缆布线最复杂、在所有子系统中用量最大，所以合理预算水平区子系统线缆用量，显得尤其重要。

工程上，线缆总长度可用下面的公式来估算。

$$L=n*[0.55(F+N)+6]$$

式中：n——信息点总数量；

　　　F——从交接区（配线架或交换机）到最远的信息点的距离；

　　　N——从交接区（配线架或交换机）到最近的信息点的距离。

按这种方式计算后的长度值还需要转换成线缆的箱数。因为市售线缆都是以箱为单位的，一般每箱长约 305m。

假若按上述方法计算线缆长度为 10000m，换算成箱数，应该为

10000m÷305 米/每箱≈33 箱（不足 1 箱仍按 1 箱采购）

项目学习评价

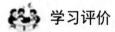 学习评价

本项目主要介绍了综合布线系统的一些基本知识、基本理念，并按国家标准 GB 50311—2016《综合布线系统工程设计规范》，完成了培训中心综合布线系统的方案设计。综合布线施工过程及管理、布线系统检测验收这些技能，限于篇幅并没有在本项目中介绍，要求读者自己查阅相关资料。表 5-9 列出了项目学习中的重要知识和技能点，试着评价一下，查看

学习效果。

表 5-9 重要知识和技能点自评

知识和技能点	学习效果评价
说出综合布线与传统布线方式相比的优势	□好 □一般 □较差
结合实例，指出综合布线系统的各子系统	□好 □一般 □较差
说出施工图中常见的布线符号、术语	□好 □一般 □较差
熟悉布线系统等级和用料	□好 □一般 □较差
用系统设计图来表达网络拓扑结构	□好 □一般 □较差
用 AutoCAD 绘制信息点平面分布图	□好 □一般 □较差
用 Visio 绘制机柜大样图	□好 □一般 □较差
熟练估算水平区子系统双绞线用量	□好 □一般 □较差
熟练估算管槽所需断面积	□好 □一般 □较差
了解布线系统竣工后应该交给用户的各种资料	□好 □一般 □较差
了解双绞线的分类方法	□好 □一般 □较差
熟知 CAT5、CAT5E、CAT6 UTP 的传输性能	□好 □一般 □较差
熟知单模光纤、多模光纤的传输性能	□好 □一般 □较差
熟知无线介质的组网特点	□好 □一般 □较差

思考与练习

一、名词解释

1. 综合布线
2. 工作区子系统
3. 水平区子系统
4. 管理间子系统

二、选择题

1. 外层保护胶皮较厚，提供 100MHz 的带宽，目前常用在快速以太网（100 Mb/s）中的双绞线标注为_____。

    A．CAT3　　　　B．CAT5E　　　　C．CAT7

2. 中间有一根用来保护线缆的十字骨架的双绞线缆是_____。

    A．CAT5　　　　B．CAT5E　　　　C．CAT6

3. 支持 1000BASE-T 的 6 类线，提供的带宽为_____。

    A．100Hz　　　　B．250Hz　　　　C．1000Mb/s

4. 25 对大对数电缆一般用来作为_____主干。

    A．语音网络　　　B．数据网络　　　C．有线电视网络

5. 对光纤"模数"认识正确的是_____。

    A．指以一定角速度进入光纤的一束光

    B．指光纤的芯数

C．指光的波长

6．支持 802.11g 无线局域网协议的传输速率主要为_____。

A．54Mb/s   B．108Mb/s   C．100Mb/s

7．反映了综合布线系统中各子系统的构成、线缆交接位置、管线路由、楼层信息点总数的工程图是_____。

A．系统设计图   B．机柜大样图   C．信息点分布平面图

项目 6

配置交换机

小张的志向是在三年内考过 CCNP，但苦于没有机会练习交换机和路由器的配置。好在 IT 部正在给培训中心组建网络，他有机会接触这些网络设备。

"宋哥，我想学习交换机配置，该从哪里入手呀？"

"呵呵，如果你不熟悉交换机的配置命令，我建议你选用 Cisco Packet Tracer 模拟器，自己组建模拟的网络，先掌握配置技能。"

"Cisco Packet Tracer 是什么公司的软件呀？"

"Cisco 官方推荐的模拟器，许多用户都在用它，也很好用。"

"好，我马上下载来学习学习。"

 项目背景

小型局域网所配置的交换机都是桌面非网管型交换机，或称工作组级交换机，根本不需任何配置，纯属"傻瓜"型，与集线器一样，接上电源，插好网线即可正常工作。

而中型局域网中使用的交换机，一般是三层可网管的交换机，这类交换机的配置一直以来是非常神秘的，不仅对于一般用户，对于绝大多数网管人员来说也是如此，同时，这也是衡量网管水平高低的一个重要而又基本的标志。

 项目描述

对于刚入门的学生，学习交换机配置首先要学习交换机的配置命令，掌握基本技能后，才能阅读复杂的交换机技术文档。

本项目先在真实的环境中，把一台计算机当做配置机，用它来配置一台新购买的交换机；再用 Cisco Packet Tracer 模拟器组建模拟网络，并学习使用 CLI 模式配置交换机；最后，配置交换机的管理参数，划分 VLAN，操作 VLAN。

任务 1　用超级终端配置交换机

 任务描述

通过计算机网络在远程来管理交换机的方法，称为带内管理。带内管理

扫一扫观看
教学视频

最常用的软件是 Securecrt。但带内管理的前提是需要为交换机分配 IP 地址，指定登录的密码以及特权密码等参数。可是新购买的交换机，是没有这些参数的，因此不能执行带内管理。

设备管理员用 Console 电缆连接到交换机的 Console 口，通过"超级终端"软件来管理，这种管理方式称为带外管理。

本任务中，交换机为新设备，管理员要用带外管理的方式，为交换机设置运行参数。

 任务准备

（1）一台交换机，这里以锐捷 S2328G 为例，自带 Console 电缆一根。

（2）一台配置机，安装好 Windows XP/2003/7 等操作系统，在附件中安装好了"超级终端"工具。这里以 Windows 7 系统为例。"超级终端"工具需要单独下载。

操作指导

（1）将 Console 电缆一端接入交换机的 Console 口（控制台口），另一端接到计算机的串行口（即 COM 口或 RS232 口）。

（2）如果是 Windows XP/2003 系统，依次选择"开始"→"程序"→"附件"→"超级终端"选项。如果是 Windows 7 系统，直接单击下载的执行文件即可，操作步骤如图 6-1 和图 6-2 所示。

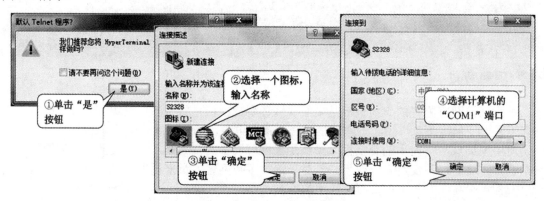

图 6-1　用超级终端配置交换机 1

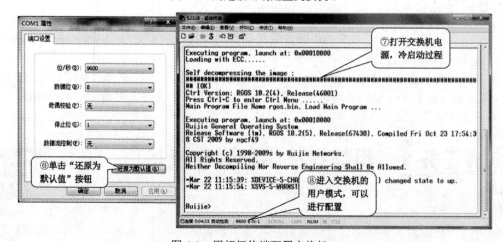

图 6-2　用超级终端配置交换机 2

 用 **Cisco Packet Tracer** 组建模拟网络

 任务描述

　　交换机和路由器是网络中最为昂贵的设备，许多用户无力购买。为了保证网络正常运行，许多初学者把眼光纷纷转向模拟器，希望在模拟器上掌握调试技能后，再转到真实的设备上。作为世界上最著名的交换机和路由器厂商，Cisco 公司提供的 Packet Tracer 工具为广大用户所推崇。本任务就在该工具的帮助下，完成以下操作。

　　（1）组建虚拟的拓扑网络，如图 6-3 所示。

　　（2）对拓扑网络中的计算机进行 TCP/IP 协议的配置。

任务准备

　　安装好 Cisco Packet Tracer，本任务建议安装中文汉化版。

操作指导

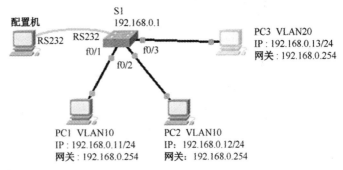

图 6-3　模拟网络拓扑图

　　运行软件，拖入网络组成要素，构造拓扑图。

　　图 6-4 所示为 Packet Tracer 运行后的工作界面。

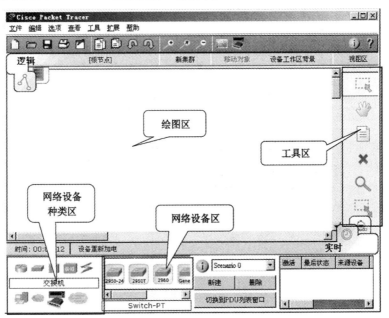

图 6-4　Cisco Packet Tracer 运行后的工作界面

　　在绘图区添加一台交换机，并修改标签的操作步骤如图 6-5～图 6-7 所示。

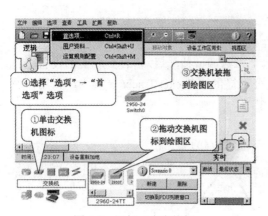

图 6-5 添加一台交换机

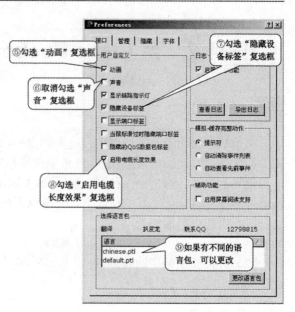

图 6-6 首要选项

图 6-7 输入标签

依照同样的方法，拖入计算机终端，最终效果如图 6-8 所示。

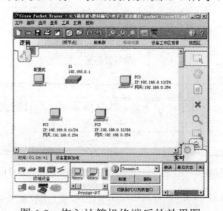

图 6-8 拖入计算机终端后的效果图

添加设备电缆的过程如图 6-9 所示。

添加线缆,并对交换机端口添加标签(交换机以太网口 f0/1、f0/2、f0/3 以及配置口 RS232)后的效果如图 6-10 所示。

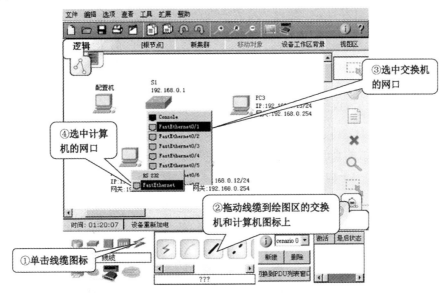

图 6-9   添加设备电缆

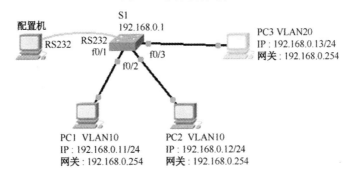

图 6-10   完成后的最终效果图

保存文件,文件扩展名为.pkt,本项目任务 3 中要运用此文件。

 在 Cisco Packet Tracer 中配置模拟网络

任务描述

本项目任务 2 用 Cisco Packet Tracer 组建了一个模拟网络,本任务就用 Cisco Packet Tracer 提供的配置工具,学习如何完成以下操作。

(1)配置模拟网络中主机的 TCP/IP 协议、以太网端口属性。

(2)设置配置机的串口通信参数,使它能与交换机通信。

(3)利用配置机的“超级终端”配置交换机的名称、划分 VLAN 等。

（4）测试主机之间的连通性。

任务准备

（1）运行 Cisco Packet Tracer 程序。
（2）打开本项目任务 2 中创建的.pkt 文件，也可以打开电子资料包中的"模拟网络.pkt"。

操作指导

1. 主机的 TCP/IP 协议配置

单击第一台主机图标（PC1），在打开的对话框中，修改 TCP/IP 协议的过程如图 6-11～图 6-13 所示。其他主机的修改方法与此相同。

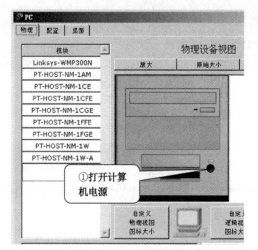

图 6-11　选择"物理"选项卡

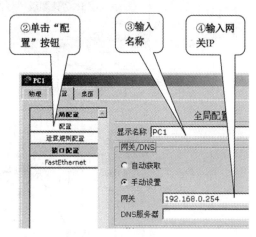

图 6-12　修改 TCP/IP 协议

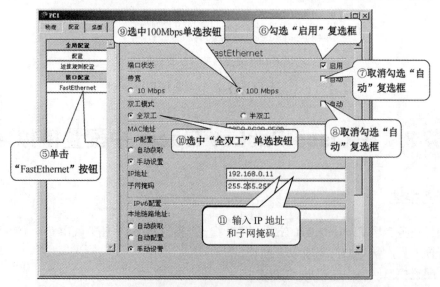

图 6-13　修改 TCP/IP 协议

小提示: 注意, 如果计算机终端的端口状态没有打开, 或者带宽和双工模式不统一, 则拓扑图的线缆两端将会出现跳动的红色图标, 表明端口不能正常通信。

2. 交换机的配置

在 Packet Tracer 模拟器中, 交换机的配置有以下两种方式。

（1）通过配置计算机的 RS232 串行口与交换机的 Console 通信口来进行（这也是真实环境中的必要步骤）。先单击拓扑图中的"配置机", 操作过程如图 6-14 和图 6-15 所示。

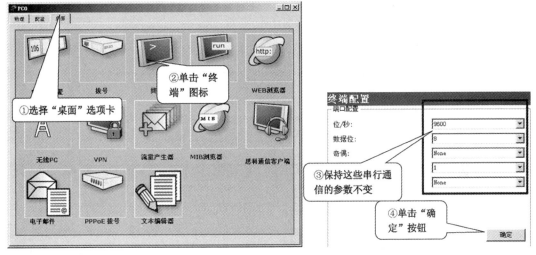

图 6-14　终端配置

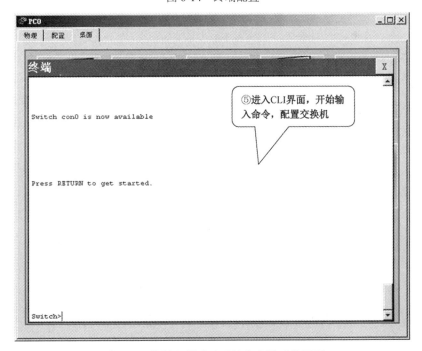

图 6-15　终端配置成功后的命令提示符界面

第二种，单击交换机图标 S1，直接进入命令行 CLI 界面，操作过程如图 6-16 所示。

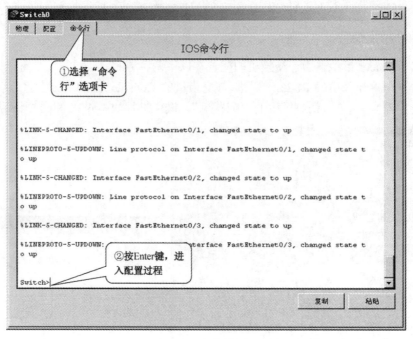

图 6-16　命令行界面

（2）修改名称，配置 IP 地址、网关地址，配置端口状态，划分两个 VLAN，并把计算机划入相应 VLAN 的代码如下所示。

```
Switch>en                      ! 由用户模式进入特权模式
Switch#conf t                  ! 由特权模式进入全局模式
Enter configuration commands, one per line.  End with CNTL/Z.
Switch(config)#hostname S1     ! 修改交换机名
S1(config)#int vlan 1          ! 进入默认的 VLAN 1，从而进入线路模式
S1(config-if)#ip addr 192.168.0.1 255.255.255.0          ! 配置交换机管理 IP
S1(config-if)#ex               ! 由线路模式返回上一层（全局模式）
S1(config)#ip def 192.168.0.254! 配置交换机默认网关

S1(config)#int ran f0/1-3      ! 由全局模式进入线路（端口范围）模式
S1(config-if-range)#speed 100  ! 配置端口速率
S1(config-if-range)#duplex full! 配置端口双工模式
S1(config-if-range)#exit       ! 由线路模式返回上一层（全局模式）

S1(config)#vlan 10             ! 由全局模式进入线路模式（VLAN），创建新 10
S1(config-vlan)#int ran f0/1-2 ! 指定端口范围
S1(config-if-range)#swi acc vlan 10       ! 这些端口划入 VLAN 10
S1(config-if-range)#vlan 20    ! 创建新 VLAN 20
S1(config-vlan)#int f0/3       ! 指定端口
S1(config-if)#swi acc vlan 20  ! 这个端口划入 VLAN 20
```

```
S1(config-if)#int vlan 10          ! 指定 VLAN 接口（虚拟的）
%LINK-5-CHANGED: Interface Vlan10, changed state to up
S1(config-if)#ip addr 192.168.0.254 255.255.255.0  ! 为虚拟接口配置 IP

S1(config-if)#ex   ! 由线路模式返回上一层（全局模式）
S1(config)#ex      ! 由全局模式返回上一层（特权模式）
S1#sh vlan id 10   ! 查看 VLAN 10 的信息（图 6-17）
```

```
VLAN Name                        Status    Ports
---- ------                      ------    -----
10   VLAN0010                    active    Fa0/1, Fa0/2

VLAN Type  SAID     MTU   Parent RingNo BridgeNo Stp  BrdgMode Transl Trans2
---- ----  ----     ---   ------ ------ -------- ---  -------- ------ ------
10   enet  100010   1500  -      -      -        -    -        0      0
```

图 6-17　查看 VLAN 信息

```
S1#wr           ! 保存配置文件，否则交换机断电后会丢失
Building configuration...
[OK]
S1#
```

为了便于理解，现将任务中涉及的简写命令和全称命令及意义归纳如表 6-1 所示。

表 6-1　锐捷交换机简写命令和全称命令对照及意义

简 写 命 令	全 称 命 令	意 义
en	enable	进入特权模式
conf t	config terminal	进入全局配置模式
int	interface	端口
int ran	interface range	端口范围
ip addr	ip address	指定 IP 地址
ip def	ip default-gateway	指定默认网关
swi acc	switchport access	指定端口模式
ex	exit	返回上一层模式
wr	write	将当前配置文件保存
sh r	show run	查看当前所有配置

3．主机连通性测试

交换机配置完毕，发现拓扑图中全部的线缆两端都呈现绿色的指示灯，表明计算机端口和交换机端口双工模式、端口速率都一致，可以进行通信了。

单击拓扑图中的 PC1，进入如图 6-18 所示界面，测试步骤如图 6-18 所示。

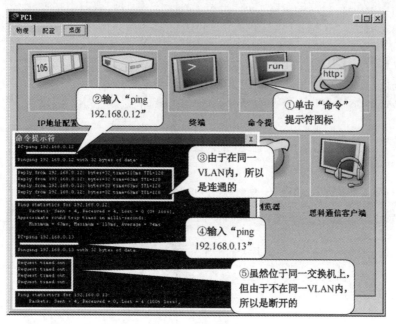

图 6-18　连通性测试画面

　知识链接　交换机命令模式及切换方法

1. 了解交换机的命令模式

Cisco 交换机的配置可以采用 Web 方式和 CLI 方式。但是初始化配置时，只能采用 CLI 方式。CLI 方式是一种命令字符格式。

CLI 方式分成若干不同的模式，用户当前所处的命令模式决定了可以使用的命令。各种模式可通过命令提示符区分，命令提示符的格式如下。

"提示符名　模式"

提示符名一般是设备的名称，Cisco 交换机的默认名称是"Switch"，提示符模式表明了当前所处的模式。例如，">"代表用户模式，"#"代表特权模式，其他模式如表 6-2 所示。

表 6-2　交换机命令模式表

模　式	提　示　符	说　明
用户模式	>	可用于查看系统基本信息和进行基本测试
特权模式	#	查看、保存系统信息，该模式可使用密码保护
全局配置模式	(config)#	配置设备的全局参数
接口配置模式	(config-if)#	配置设备的各种接口
线路配置模式	(config-line)#	配置控制台、远程登录等线路
VLAN 配置模式	(config-vlan)#	配置 VLAN 参数

2. 命令模式的切换

交换机模式大体可分为四层：用户模式→特权模式→全局配置模式→其他配置模式（config-if 为接口配置模式，config-line 为线路配置模式，config-vlan 为 VLAN 配置模式）。进入某模式时，需要逐层进入。退回上一层模式时输入 exit。如果想直接从其他模式退回到特权模式（跳过全局模式），则可输入 end 或按 Ctrl+C 组合键，如图 6-19 所示。

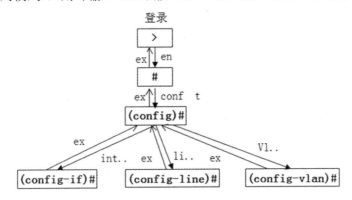

图 6-19　锐捷交换机模式切换图

 知识链接　交换机接口表示法

交换机的接口用"接口名 接口编号"的形式表示。接口名由接口的类型决定，以太网接口 Ethernet（简写为 E）、快速以太网接口 FastEthernet（简写为 FE 或 F）、千兆以太网接口 GigabitEthernet（简写为 G 或 GE）。

一般而言，交换机的接口表示方法有以下三种。

（1）接口的编号只有一个数字，如 Ethernet 0 表示第一个以太网接口（简写为 E0）。

（2）接口的编号包含两个数字，形式为"插槽号/接口号"，如 Ethernet 0/1（简写为 E0/1）表示位于 0 号插槽的第一个以太网接口。

（3）接口的编号包含三个数字，形式为"插槽号/接口适配器号/接口号"，如 Ethernet 4/0/1（简写为 E4/0/1）表示 4 号插槽上 0 号接口适配器上的第 1 个以太网接口。

 配置交换机的口令

 任务描述

口令（密码）可用于防范非法人员登录到交换机或路由器上修改设备的配置。

为了保证交换机安全，必须配置它的控制台口令、特权口令以及远程登录口令。

所谓控制台口令，是指在本地用 Console 口配置时输入的口令。

所谓特权口令，是指从用户模式进入特权模式需要输入的口令。由于特权模式是进入各种配置模式的必经之路，设置口令可有效防范非法人员对设备配置的修改。

所谓远程登录口令，是指从网络中的计算机通过 Telnet 命令登录设备时，需要输入远程登录口令。

本任务先启用"超级终端"工具，并配置交换机的控制台口令为"abcd"、特权口令为"efgh"、远程登录口令为"123456"。

任务准备

（1）锐捷交换机 S2328G 一台（管理地址为 192.168.0.1/24），它与 Cisco 的交换机基本参数的配置命令完全相同。如果用户不熟悉 S2328G，则可以在 Packet Tracer 模拟器上预先配置，成功后再转到真实的交换机上，进行实战训练。

（2）计算机两台，一台为配置机，另一台为远程登录主机（IP 地址为 192.168.0.2/24）。

（3）Console 线一根，用来连接计算机的串口和交换机 Console 口。Console 线在购置网络设备时会提供。拓扑图如图 6-20 所示。

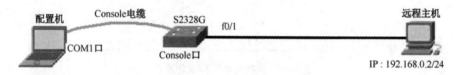

图 6-20　拓扑图

操作指导

（1）交换机重命名。

在交换机初始化的过程中，已经命名为"Ruijie"，现在要重新配置交换机名称为"Switch1"。首先要进入特权模式，过程如下。

```
Ruijie>en
Ruijie#conf t
Ruijie(config)#hostname switch1
Switch1(config)#end        !直接退回到特权模式
Switch1#wr
```

（2）配置控制台口令为"abcd"。

控制台口令配置时，首先进入特权模式，然后进入线路模式，过程如下。

```
Switch1>en
Switch1#conf t
Switch1(config)#line console 0          ! 0 是控制台的线路编号
Switch1(config-line)#password abcd       ! 为控制台线路设置口令
Switch1(config-line)#login               ! 启用登录认证功能
Switch1(config-line)#end
Switch1#wr
```

小提示：login 命令要求启用密码检查，下次用控制台配置时，必须输入口令，才能进入用户模式。删除配置的控制台口令的过程如下。

```
Switch1(config)#line console 0
Switch1(config-line)#no password
```

（3）配置特权口令为"efgh"。

配置特权口令需要进入特权模式，配置过程如下。

```
Switch1>en
Switch1#conf t
Switch1(config)#en sec efgh
```

```
Switch1(config)#end
Switch1#wr
```

小提示：删除特权口令的过程如下。

```
Switch1(config)#no enable secret
```

（4）配置远程登录口令为"123456"。

配置远程登录口令时，需要进入线路模式。

```
Switch1>en
Switch1#conf t
Switch1(config)#line vty 0 4              ! 0～4 是远程登录的线路编号
Switch1(config-line)#password 123456      ! 为远程线路设置口令
Switch1(config-line)#login                ! 启用登录认证功能
Switch1(config-line)#end
Switch1#wr
```

小提示：要想从远程登录到锐捷交换机上进行管理，除了远程登录口令之外，还必须配置特权口令以及交换机的 VLAN 1 的接口地址（即管理地址）。

（5）验证从控制台上登录交换机时的过程如下。

```
User Access Verification
Password:               !输入控制台口令 abcd，不回显
Switch>en
Password:               !输入特权口令 efgh，不回显
Switch#conf t
Enter configuration commands, one per line. End with CNTL/Z.
Switch(config)#
```

（6）验证从远程主机上登录交换机时的过程如下。

```
telnet 192.168.0.1      !在计算机的命令提示符下输入 telnet 命令
Trying 192.168.0.1 ...Open
User Access Verification
Password:           !输入远程登录口令 123456，不回显
Switch>en
Password:           !输入特权口令 efgh，不回显
Switch#conf t
Enter configuration commands, one per line. End with CNTL/Z.
Switch(config)#
```

 配置三层交换机的路由功能

任务描述

培训中心管理员办公室计算机 PC1 与教师办公室计算机 PC2 分别接在三层交换机 S3760 的 f0/1 和 f0/2 上。为了信息安全起见，IP 地址规划时，已经将 PC1 划入子网 192.168.1.0/24，而 PC2 则划入子网 192.168.2.0/24，拓扑结构如图 6-21 所示。

现在要求管理员配置交换机，使两个子网之间能相互通信。

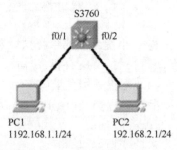

图 6-21　配置交换机路由拓扑图

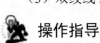任务准备

（1）S3760 交换机一台。

（2）计算机 3 台，其中一台当做配置机。

（3）双绞线 2 根，Console 线 1 根。

操作指导

交换机的端口在默认状态下工作模式为 switchport，三层交换机也不例外。要使用交换机的三层功能，必须先将端口配置为三层路由口，指定 IP 地址和子网掩码，并启用 IP 路由功能。

1. 交换机配置过程

```
Switch1>en
Password:! (注意，输入特权口令时不回显，输入完成后直接按 Enter 键)
Switch1#conf t
Switch1(config)#int f0/1
Switch1(config-if)#no swi    ! 配置为三层路由口功能
Switch1(config-if)#ip add 192.168.1.254 255.255.255.0
Switch1(config-if)#int f0/2
Switch1(config-if)#no swi    ! 配置为三层路由口功能
Switch1(config-if)#ip addr 192.168.2.254 255.255.255.0
Switch1(config-if)#ex
Switch1(config)#ip routing   ! 启用路由功能，默认是启用的
Switch1(config)#end
Switch1#wr
```

小提示：配置完毕，还需要将连接在端口 f0/1 和 f0/2 上的计算机网关分别设为192.168.1.254 和 192.168.2.254，路由功能才能起作用。

上述过程也可以通过启用交换机的 RIP 协议并关联两个子网（192.168.1.0/24 和192.168.2.0/24）来实现，192.168.1.0/24 和 192.168.2.0/24 都只能是和本设备直连的网络。配置过程如下。

```
Switch1>en
Password:! (注意，输入特权口令时不回显，输入完后直接按 Enter 键)
Switch1#conf t
Switch1(config)#router rip
Switch1(config-router)#network 192.168.1.0
Switch1(config-router)#network 192.168.2.0
Switch1(config-router)#end
Switch1#wr
```

2．主机设置

将 PC1 的 IP 地址设为 192.168.1.1/24，网关 IP 地址设为 192.168.1.254；PC2 的 IP 地址设为 192.168.2.1/24，网关设为 192.168.2.254。

3．连通性测试

在 PC1 上 ping PC2，结果如图 6-22 所示。

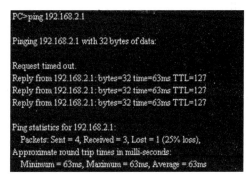

图 6-22　连通性测试

任务 6　跨交换机 VLAN 之间的通信

任务描述

培训中心有四台教师计算机 PC1、PC2、PC4 和 PC5，分别接在两台交换机 S1 和 S2 上，它们划入相同的 VLAN 2。培训中心主任室计算机 PC3 单独划入 VLAN 3。网络拓扑图如图 6-23 所示。现在要求管理员在交换机上配置，实现教师计算机之间的互通，教师机与主任室计算机之间的互通。

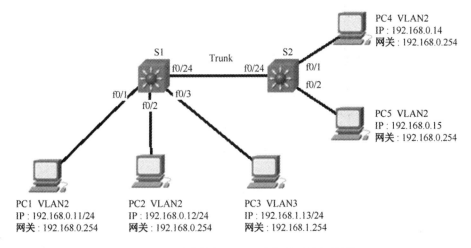

图 6-23　跨交换机 VLAN 之间的通信拓扑图

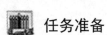 任务准备

（1）锐捷三层交换机 S3760 交换机 2 台。

（2）计算机 6 台，其中一台当作配置机。

（3）双绞线 6 根，Console 线一根。

（4）如果对交换机配置过程不熟悉，也可打开电子资料包中的文件"跨交换机 VLAN 之间通信.pkt"，在 Cisco Packet Tracer 中练习。

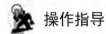 操作指导

（1）连接计算机与交换机，其中 PC1 与交换机 S1 的 F0/1 端口相连，PC2 与交换机 S1 的 F0/2 端口相连，PC3 与交换机 S1 的 F0/3 端口相连，PC4 与交换机 S2 的 F0/1 端口相连，PC5 与交换机 S2 的 F0/2 端口相连。

（2）交换机 S1 与 S2 均通过 f0/24 端口相连。

（3）分别设置 PC1～PC5 的 IP 地址、子网掩码、网关 IP 地址，过程略。

（4）交换机 S1 配置过程如下。

```
Switch>en
Switch#conf t
Switch(config)#hostname S1
S1(config)#vlan 2                    ! 创建 VLAN 2
S1(config-vlan)#name teacher         !给 VLAN 命名
S1(config-vlan)#vlan 3               ! 创建 VLAN 3
S1(config-vlan)#name admin           !给 VLAN 命名
S1(config-vlan)#int ran f0/1-2       !指定端口范围
S1(config-if-range)#swi acc vlan 2   ! 将端口放入 VLAN
S1(config-if-range)#int f0/3         ! 指定一个端口
S1(config-if)#swi acc vlan 3
S1(config-if)#int vlan 2
S1(config-if)#ip addr 192.168.0.254 255.255.255.0  ! 分配虚地址
S1(config-if)#int vlan 3
S1(config-if)#ip addr 192.168.1.254 255.255.255.0  ! 分配虚地址
S1(config-if)#int f0/24
S1(config-if)#swi trun encap dot1q        !在接口上封装 IEEE 802.1q 协议
S1(config-if)#swi mode trunk
```

小提示：在将端口模式改为"Trunk"之前，须先在接口上封装 IEEE 802.1q 协议，否则将收到"Command rejected: An interface whose trunk encapsulation is "Auto" can not be configured to "trunk" mode." 的警示，配置无效。

```
S1(config-if)#swi trunk allowed vlan all   !在共用通道中允许所有 VLAN 信息通过
S1(config-if)#ex
S1(config)#end
S1#wr
```

配置完毕后，在用户模式下即可用 show vlan 命令查看配置结果，如图 6-24 所示。

```
S1#sh vlan

VLAN Name                Status    Ports
---- --------------------- --------- -------------------------------
1    default             active    Fa0/4, Fa0/5, Fa0/6, Fa0/7
                                   Fa0/8, Fa0/9, Fa0/10, Fa0/11
                                   Fa0/12, Fa0/13, Fa0/14, Fa0/15
                                   Fa0/16, Fa0/17, Fa0/18, Fa0/19
                                   Fa0/20, Fa0/21, Fa0/22, Fa0/23
                                   Gig0/1, Gig0/2
2    VLAN0002            active    Fa0/1, Fa0/2
3    VLAN0003            active    Fa0/3
```

图 6-24　查看 VLAN 信息

（5）交换机 S2 的配置过程与 S1 类似。

（6）利用 ping 命令，测试 PC1 与 PC3 之间的连通性。尽管处于不同 VLAN，但是定义了虚 IP 地址，并且成为了主机的网关，它们之间能通信，默认情况下，三层交换机启动了直连路由，所以 PC1 与 PC3 之间能通信。

（7）利用 ping 命令，测试 PC1 与 PC4 之间的连通性，会发现即便是在不同交换机上，因为处于相同的 VLAN，交换机之间通过 Trunk 方式实现了互连，并允许所有 VLAN 通过，所以它们之间能通信。同样的道理，PC2 与 PC4 之间也能够通信。

小提示：虚拟 IP，也称 SVI（Switch Virtual Interface），它是和某个 VLAN 关联的 IP 接口。每个 SVI 只能和一个 VLAN 关联，而且这里的 SVI 是一个网关接口，可以分配 IP 地址，用于 3 层交换机中跨 VLAN 之间的路由。实际上，SVI 就是通常所说的 VLAN 接口，只不过它是虚拟的，用于连接整个 VLAN，所以通常也把这种接口称为逻辑三层接口。

 知识链接　交换机的 VLAN 技术

1．VLAN

虚拟局域网（Virtual Local Area Network，VLAN）是一种将局域网设备从逻辑上划分成一个个网段，从而实现虚拟工作组的新兴数据交换技术。

并不是所有二层交换机都支持 VLAN 技术。现在市场上支持 IEEE 802.1q 协议的交换机可以划分 VLAN。

2．划分 VLAN 的好处

（1）防范广播风暴。广播风暴简言之就是一个数据包在找到目的端口之前，会向交换机所有端口发送探测信息，这将使端口接收本该接收信息的时间延迟。在极限情况下，广播风暴将使交换机所有端口拥堵，大量带宽被无用的信息包占用，致使网络瘫痪。而将网络划分为多个 VLAN 可减少参与广播风暴的设备数量。因为一个 VLAN 中的广播不会送到 VLAN 之外。

（2）安全性提高。不同 VLAN 内的报文在传输时是相互隔离的，即一个 VLAN 内的用户不能和其他 VLAN 内的用户直接通信，如果不同 VLAN 要进行通信，则需要通过路由器或三层交换机等三层设备。这就间接提高了局域网内敏感数据的安全性。

（3）网络应用更具伸缩性和灵活性。VLAN 将用户和网络设备聚合到一起，以支持商业需求或地域上的需求。地域上的分散不再成为项目合作的限制。借助 VLAN 技术，能将不同地点、不同网络、不同用户组合在一起，形成一个虚拟的网络环境，就像使用本地 LAN 一样方便、灵活、有效。

3．VLAN 的划分方法

（1）根据端口来划分。以交换机端口来划分网络成员，其配置过程简单明了。因此，从目前来看，这种根据端口来划分 VLAN 的方式仍然是最常用的一种方式。但是，如果用户地理位置发生了变化，就不能位于这个 VLAN 中了。

（2）根据 MAC 地址或 IP 地址来划分，即对主机的 MAC 地址或 IP 地址进行配置，表明它属于哪个 VLAN。这种划分 VLAN 方法的最大优点就是当用户物理位置移动时，VLAN 不用重新配置。其缺点是，建立网络时，需要为每个 MAC 地址或 IP 地址指定归属于哪个 VLAN，工作量巨大，实践上没有可行性；这种方法效率低，因为检查每一个数据包的网络层地址是需要消耗处理时间的。

（3）基于策略的划分，即在程序中确定划分 VLAN 的规则（或属性），程序作为服务处于侦听中，当一个站点加入进来时，将会被侦听并智能"感知"到，从而自动地包含进相应的 VLAN 中。可见，这种划分方式与站点所处的物理位置无关，可以在程序中定制多条策略，使一个站点位于多个 VLAN 中也是可以的，这是最灵活的 VLAN 划分方法，在实践中具有可行性。

目前，基于端口和策略的方式来划分 VLAN 比较普遍，根据 MAC 地址或 IP 地址划分的方式只起辅助作用。

任务7 用单臂路由技术实现不同 VLAN 之间通信

任务描述

某公司用二层交换机组建了一小型局域网，财务部、销售部、技术部计算机分别被划分在 VLAN 10、VLAN 20、VLAN 30 中。为了使各部门计算机之间互通信息，网管特意购买了一台路由器，组建成单臂的形式，它们的接法如图 6-25 所示。

单臂路由是指在路由器的一个接口上通过配置子接口（或"逻辑接口"，并不存在真正的物理接口）的方式，实现原来相互隔离的不同 VLAN（虚拟局域网）之间的互连互通。

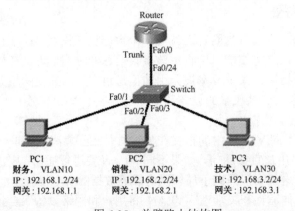

图 6-25　单臂路由结构图

任务准备

（1）锐捷二层交换机 S2328G 1 台，锐捷 RSR20-4 路由器 1 台。

（2）计算机 4 台，其中一台当做配置机。

（3）双绞线 4 根，Console 线 1 根。

（4）如果对交换机配置过程不熟悉，也可打开电子资料包中的文件"单臂路由实现不同 VLAN 之间通信.pkt"，在 Cisco Packet Tracer 中练习。

操作指导

（1）连接计算机与交换机，设置 IP 地址，设置网关地址，过程略。

（2）交换机上的配置过程如下。

```
Switch>en
Switch#conf t
Switch(config)#vlan 10
Switch(config-vlan)#name caiwu
Switch(config-vlan)#vlan 20
Switch(config-vlan)#name xiaoshou
Switch(config-vlan)#vlan 30
Switch(config-vlan)#name jishu
Switch(config-vlan)#int f0/1
Switch(config-if)#swi acc vlan 10
Switch(config-if)#int f0/2
Switch(config-if)#swi acc vlan 20
Switch(config-if)#int f0/3
Switch(config-if)#swi acc vlan 30
Switch(config-if)#end
Switch#sh vlan
············

10    caiwu                              active    Fa0/1
20    xiaoshou                           active    Fa0/2
30    jishu                              active    Fa0/3
············
```

（3）验证过程。此时 PC1、PC2 和 PC3 之间处于不同 VLAN，用 ping 工具测试连通性时，返回"Request Time Out"的提示。

（4）路由器上的配置。三个 VLAN 的主机要通信，必须通过路由器。如果接入路由器的一个物理端口，则必须有三个子接口分别与三个 VLAN 对应，在三个子接口封装 dot1q 协议，分别指定 IP 地址作为计算机网关。

```
Router>en
Router#conf t
Router(config)#int f0/0.1                        ! 定义物理端口 f0/0 的子接口 f0/0.1
Router(config-subif)#enc dot1q 10                ! 在子接口 f0/0.1 上封装 dot1q 协议
Router(config-subif)#ip addr 192.168.1.1 255.255.255.0  ! 子接口地址就是网关地址
```

```
Router(config-subif)#int f0/0.2                        ！定义物理端口 f0/0 的子接口 f0/0.2
Router(config-subif)#enc dot1q 20                      ！在子接口 f0/0.2 上封装 dot1q 协议
Router(config-subif)#ip addr 192.168.2.1 255.255.255.0 ！子接口地址就是网关地址
Router(config-subif)#int f0/0.3                        ！定义物理端口 f0/0 的子接口 f0/0.3
Router(config-subif)#enc dot1q 30                      ！在子接口 f0/0.3 上封装 dot1q 协议
Router(config-subif)#ip addr 192.168.3.1 255.255.255.0 ！子接口地址就是网关地址
Router(config-subif)#ex
Router(config)#int f0/0
Router(config-if)#no sh                                ！必须启用接口，默认情况下接口是关闭的
Router(config-if)#end
Router#wr
```

（5）在路由器上查看接口配置情况。

```
Router#sh ip int bri
```

Interface	IP-Address	OK? Method Status		Protocol
FastEthernet0/0	unassigned	YES unset	up	up
FastEthernet0/0.1	192.168.1.1	YES manual	up	up
FastEthernet0/0.2	192.168.2.1	YES manual	up	up
FastEthernet0/0.3	192.168.3.1	YES manual	up	up

> 定义的子接口信息

（6）与路由器相连的交换机的端口 fa 0/24 要设置为 Trunk，因为这个接口要通过三个VLAN 的数据包。

```
Switch>en
Switch#conf t
Switch(config)#int f0/24
Switch(config-if)#swi mode trunk              ！设置为 Trunk 模式
Switch(config-if)#swi trunk allowed vlan all  ！允许所有 VLAN 通过
Switch(config-if)#end
Switch#wr
```

（7）验证过程。此时，PC1、PC2 和 PC3 之间处于不同 VLAN，但因为启用了单臂路由，定义了网关，因此用 ping 工具测试连通性时，结果如下。

```
PC>ping 192.168.3.2

Pinging 192.168.3.2 with 32 bytes of data:

Reply from 192.168.3.2: bytes=32 time=109ms TTL=127
Reply from 192.168.3.2: bytes=32 time=108ms TTL=127
Reply from 192.168.3.2: bytes=32 time=109ms TTL=127
Reply from 192.168.3.2: bytes=32 time=125ms TTL=127

Ping statistics for 192.168.3.2:
    Packets: Sent = 4, Received = 4, Lost = 0 (0% loss),
Approximate round trip times in milli-seconds:
    Minimum = 108ms, Maximum = 125ms, Average = 112ms
```

项目学习评价

学习评价

本项目主要介绍了交换机的配置，内容丰富，历来是网络课程的重点和难点。表 6-3 列出了项目学习中的重要知识和技能点，试着评价一下，查看学习效果。

表 6-3　重要知识和技能点自评

知识和技能点	学习效果评价
熟练掌握 Cisco Packet Tracer 软件操作	□好　□一般　□较差
能用 Cisco Packet Tracer 组建模拟网络	□好　□一般　□较差
能用 Cisco Packet Tracer 的 CLI 模式配置交换机	□好　□一般　□较差
熟练掌握交换机的命令模式及其切换方法	□好　□一般　□较差
熟练掌握交换机的 IP 地址、名称、登录密码、端口模式、VLAN、SVI、Trunk、单臂路由等的设置方法	□好　□一般　□较差
深刻理解 VLAN 的作用	□好　□一般　□较差
熟练掌握 VLAN 之间通信的方法	□好　□一般　□较差

思考与练习

一、名词解释

1．VLAN

2．带内管理

3．单臂路由

二、选择题

1．用"超级终端"对交换机进行带外管理时，计算机的_____口和交换机_____口相连接。

　　A．RS232，RJ-45

　　B．RJ-45，RJ-45

　　C．RS232，Console

2．规定了 VLAN 的实现方法的协议类型是_____。

　　A．EIA/TIA 568B

　　B．802.1q

　　C．IP

3．要进入交换机的 VLAN 配置模式，必须依次进入_____。

　　A．用户模式、特权模式、全局配置模式

　　B．特权模式、用户模式、全局配置模式

C．全局配置模式、用户模式、特权模式

4．可以进入控制台，进行口令修改的是_____。

   A．line vty 0 4   B．line console 0   C．int vlan 1

5．可以进入全局配置模式的是_____。

   A．conf t   B．int ran   C．swi acc

6．交换机的管理地址是以下_____接口的地址。

   A．Console 0   B．VLAN 1   C．f0/1～f0/24

7．要将 f0/1 接口划入 VLAN 10，下列命令序列正确的是_____。

   A．vlan 10，int f0/1，swi acc vlan 10

   B．int f0/1，vlan 10，swi acc vlan 10

   C．swi acc vlan 10，int f0/1，vlan 10

三、实操题

1．用 Packet Tracer 构建如图 6-26 所示的拓扑网络，并要求计算机终端之间能 ping 通（PC0 除外）。

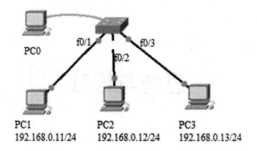

图 6-26　拓扑网络 1

2．用 Packet Tracer 构建如图 6-27 所示的拓扑网络，要求用 SVI 技术实现不同 VLAN 之间的通信。

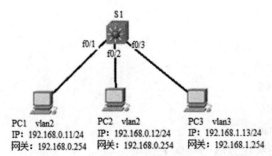

图 6-27　拓扑网络 2

项目 7

配置路由器

经过一段时间的练习，小张已经可以在真实的交换机上配置了，宋哥对眼前这位年轻人也十分看好，经常在经理面前夸赞自己的徒弟。

"宋哥，路由器配置应该不会太难吧？"话一出口，小张觉得自己有些班门弄斧。

"你已经掌握了交换机的配置命令，其实同一厂商的交换机与路由器配置非常类似。"

"它们的命令模式、切换方式也一样吗？"

"基本一样，而且接口的表示方法也非常类似。一些基本参数，如管理 IP、子网掩码、默认网关、主机名、特权密码、远程登录密码等命令和交换机的参数都是相同的。"

"我心里有底了。"

 项目背景

路由器（Router）是互联网的主要节点设备。局域网要想连接到互联网，必须靠路由设备。路由器的处理速度是网络通信的主要瓶颈之一，它的可靠性则直接影响着网络互连的质量。因此，在园区网、地区网，乃至整个 Internet 研究领域，路由器技术始终处于核心地位，其发展历程和方向成为 Internet 研究的一个缩影。

 项目描述

交换机把一台台的设备连接成一个局域网络，使它们能够互相通信和共享资源。超出局域网的范围后，设备就"互不认识"了。

路由器，就像"交通警察"一样，控制、协调着网络数据流。综合来看，路由器有三大作用：一是连通不同的网络，二是选择最佳信息传送路径，三是管理与控制网络。

本项目配置路由器的常用功能，如配置静态路由和默认路由，RIP 和 OSPF 动态路由，配置广域网协议、NAPT、DHCP 服务等。所有配置对象均为锐捷路由器。

任务 1　配置静态路由和默认路由

任务描述

　　培训中心计算机网络 ID 为 192.168.1.0/24，行政大楼计算机网络 ID 为 192.168.2.0/24，信息中心计算机网络 ID 为 192.168.3.0/24，由三台 RSR20 路由器相连，拓扑图如图 7-1 所示。现在领导要求管理员配置静态路由或默认路由，实现三个网络的通信。

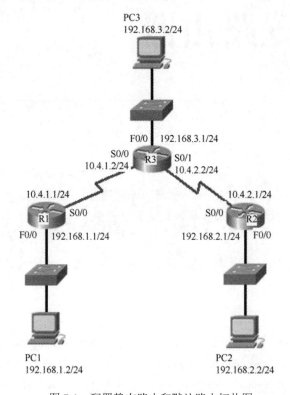

图 7-1　配置静态路由和默认路由拓扑图

任务准备

　　（1）锐捷路由器 RSR20 三台，V.35 电缆两根，锐捷二层交换机三台。

　　（2）配置计算机一台，配置计算机与路由器连接电缆一根，一般用 Console 线。

　　（3）三台计算机。其 IP 地址如拓扑图中的 PC1、PC2、PC3 所示。

　　注意：拓扑图中的 S 口编号不一定与真实环境一致，需要在练习前关闭路由器电源，重新安装串行口模块。

操作指导

　　（1）按拓扑图连接计算机与交换机，交换机与路由器相连。

　　（2）路由器 R1 上的配置主要代码如下所示。

```
Router>en
Router#conf t
Router(config)#host R1
R1(config)#int s0/0
R1(config-if)#clock rate 64000 ！设置时钟频率，使该接口为DCE端，另一端为DTE端
```

小提示：在锐捷路由器上，设置时钟频率的工作可以省略，由两端自动协商。用户可以用"show ip int brief"命令查看 S0/0 接口的状态是 DCE 还是 DTE。

```
R1(config-if)#ip addr 10.4.1.1 255.255.255.0
R1(config-if)#no sh
R1(config-if)#int f0/0
R1(config-if)#ip addr 192.168.1.1 255.255.255.0
R1(config-if)#no sh
R1(config)#ip route 10.4.2.0 255.255.255.0 10.4.1.2
R1(config)#ip route 192.168.3.0 255.255.255.0 10.4.1.2
R1(config)#ip route 192.168.2.0 255.255.255.0 10.4.1.2
R1(config)#end
R1#wr
```

小提示：在全局模式下，建立静态路由的命令格式如下。

router(config)#ip route 所要到达的目标网络地址，子网掩码，下一跳的 IP 地址（即相邻路由器的相邻端口地址）。

连接在同一路由器上的不同网络，路由器能自动识别，可以互访。

（3）路由器 R2 上的主要配置代码如下。

```
Router>en
Router#conf t
Router(config)#host R2
R2(config)#int s0/0
R2(config-if)#clock rate 64000 ！设置时钟频率，使该接口为DCE端，另一端为DTE端
R2(config-if)#ip addr 10.4.2.1 255.255.255.0
R2(config-if)#no sh
R2(config-if)#int f0/0
R2(config-if)#ip addr 192.168.2.1 255.255.255.0
R2(config-if)#no sh
R2(config)#ip route 10.4.1.0 255.255.255.0 10.4.2.2
R2(config)#ip route 192.168.1.0 255.255.255.0 10.4.2.2
R2(config)#ip route 192.168.3.0 255.255.255.0 10.4.2.2
R2(config)#end
R2#wr
```

（4）路由器 R3 上的主要配置代码如下。

```
Router>en
Router#conf t
Router(config)#host R3
R3(config)#int s0/0
R3(config-if)#ip addr 10.4.1.2 255.255.255.0
```

```
R3(config-if)#no sh
R3(config-if)#int f0/0
R3(config-if)#ip addr 192.168.3.1 255.255.255.0
R3(config-if)#no sh
R3(config)#int s0/1
R3(config-if)#ip addr 10.4.2.2 255.255.255.0
R3(config-if)#no sh
R3(config)#ip route 192.168.1.0 255.255.255.0 10.4.1.1
R3(config)#ip route 192.168.2.0 255.255.255.0 10.4.2.1
R3(config)#end
R3#wr
```

（5）配置完毕，运行"show ip rou"命令，在特权模式下查看路由条目，结果如下（以R1为例）。带有 C 标记的为直连路由。

```
R1#show ip rou
Codes: C - connected, S - static, I - IGRP, R - RIP, M - mobile, B - BGP
       D - EIGRP, EX - EIGRP external, O - OSPF, IA - OSPF inter area
       N1 - OSPF NSSA external type 1, N2 - OSPF NSSA external type 2
       E1 - OSPF external type 1, E2 - OSPF external type 2, E - EGP
       i - IS-IS, L1 - IS-IS level-1, L2 - IS-IS level-2, ia - IS-IS inter area
       * - candidate default, U - per-user static route, o - ODR
       P - periodic downloaded static route
Gateway of last resort is not set
     10.0.0.0/24 is subnetted, 2 subnets
C       10.4.1.0 is directly connected, Serial0/0
S       10.4.2.0 [1/0] via 10.4.1.2
C     192.168.1.0/24 is directly connected, FastEthernet0/0
S     192.168.2.0/24 [1/0] via 10.4.1.2
S     192.168.3.0/24 [1/0] via 10.4.1.2
```

> 路由条目中，带有 C 标记的为直连路由，有 S 标记的为静态路由

（6）用 ping 命令验证各网络主机之间的连通性，以 PC1 和 PC3 为例，验证结果如下。

```
PC>ping 192.168.3.2
Pinging 192.168.3.2 with 32 bytes of data:
Reply from 192.168.3.2: bytes=32 time=156ms TTL=126
Reply from 192.168.3.2: bytes=32 time=143ms TTL=126
Reply from 192.168.3.2: bytes=32 time=156ms TTL=126
Reply from 192.168.3.2: bytes=32 time=125ms TTL=126
Ping statistics for 192.168.3.2:
    Packets: Sent = 4, Received = 4, Lost = 0 (0% loss),
Approximate round trip times in milli-seconds:
    Minimum = 125ms, Maximum = 156ms, Average = 145ms
```

任务拓展　配置默认路由

所谓默认路由，又称为缺省路由，它是静态路由的特例，表示把本机不能处理的数据报文发往指定的设备。它的命令格式如下：router(config)#ip route　0.0.0.0　0.0.0.0　转发地址。

例如，R1 上配置默认路由的主要代码如下。

```
R1(config)#ip route 0.0.0.0 0.0.0.0 10.4.1.2
```

请按照上述方法，在 R2 和 R3 上配置默认路由，以代替静态路由。

 知识链接　路由器命令模式及切换方式

锐捷路由器的配置方法和锐捷交换机十分类似，表 7-1 所示为路由器的模式、提示符。图 7-2 所示锐捷路由器模式切换命令图。

表 7-1　路由器的模式、提示符

模　式	提　示　符	模　式	提　示　符
用户模式	>	接口配置模式	(config-if)#
特权模式	#	线路配置模式	(config-line)#
全局配置模式	(config)#	路由配置模式	(config-router)#

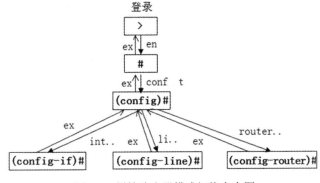

图 7-2　锐捷路由器模式切换命令图

 知识链接　路由器接口的表示方法

路由器的接口用"接口名　接口编号"的形式表示。接口名由接口的类型决定，以太网接口 Ethernet（简写为 E）；快速以太网接口 FastEthernet（简写为 FE 或 F）；千兆以太网接口 GigabitEthernet（简写为 GE 或 G）；同步串行口 Serial（简写为 S）。

一般而言，路由器的接口表示方法有以下 3 种。

（1）接口的编号只有一个数字，如 Ethernet 0 表示第一个以太网接口（简写为 E0），Serial 1（简写为 S1）表示第一个串行口。

（2）接口的编号包含两个数字，形式为"插槽号/接口号"，如 Ethernet 0/1（简写为 E0/1）表示位于 0 号插槽的第一个以太网接口。

（3）接口的编号包含三个数字，形式为"插槽号/接口适配器号/接口号"，如 Ethernet 4/0/1（简写为 E4/0/1）表示 4 号插槽、0 号接口适配器上的第一个以太网接口。

在路由设备上，从后面板来看，位于右侧的插槽首先被编号，如果一侧有多个插槽，则位于右下角的扩展插槽被先编号。如图 7-3 所示为锐捷 RSR20 路由器的扩展插槽编号规则。

图 7-3　锐捷路由器插槽编号规则

任务 2　配置 RIP 动态路由协议

 任务描述

培训中心计算机网络 ID 为 192.168.1.0/24，行政大楼计算机网络 ID 为 192.168.2.0/24，信息中心计算机网络 ID 为 192.168.3.0/24，由三台 RSR20 路由器相连，拓扑图如图 7-1 所示。前期管理员已经在路由器上配置了静态路由，但是这样的网络很不便于维护，并且网络改变后，又需要重新配置，非常不方便。

现在领导要求管理员配置路由器，实现三个网络的通信。

任务准备

（1）锐捷路由器 RSR20-04 三台，V.35 电缆两根，锐捷二层交换机三台。

（2）配置计算机一台，配置计算机与路由器连接电缆一根，一般用 Console 线。

（3）三台计算机。其 IP 地址如拓扑图中的 PC1、PC2、PC3 所示。

注意：拓扑图中的 S 口编号不一定与真实环境一致，需要在练习前关闭路由器电源，重新安装串行口模块。

 操作指导

（1）按拓扑图连接计算机与交换机，交换机与路由器相连。

（2）路由器 R1 上的配置主要代码如下所示。

```
Router>en
Router#conf t
Router(config)#host R1
R1(config)#int s0/0
R1(config-if)#clock rate 64000 !设置时钟频率，使该接口为 DCE 端，另一端为 DTE 端
R1(config-if)#ip addr 10.4.1.1 255.255.255.0
R1(config-if)#no sh
R1(config-if)#int f0/0
R1(config-if)#ip addr 192.168.1.1 255.255.255.0
R1(config-if)#no sh
R1(config-if)#ex
R1(config)#router rip                    !启用 RIP 动态路由协议
R1(config-router)#network 192.168.1.0    !宣告直连网络
```

```
R1(config-router)#network 10.4.1.0        !宣告直连网络
R1(config-router)#version 2               ! 版本2
R1(config-router)#default-metric 10       !默认跳数10
R1(config-router)#end
R1#wr
```

小提示: 如果要将连接到路由器上的所有网络关联，则可输入命令"network 0.0.0.0"。

（3）路由器 R2 上的主要配置代码如下。

```
Router>en
Router#conf t
Router(config)#host R2
R2(config)#int s0/0
R2(config-if)#clock rate 64000!设置时钟频率，使该接口为DCE端，另一端为DTE端
R2(config-if)#ip addr 10.4.2.1 255.255.255.0
R2(config-if)#no sh
R2(config-if)#int f0/0
R2(config-if)#ip addr 192.168.2.1 255.255.255.0
R2(config-if)#no sh
R2(config-if)#ex
R2(config)#router rip                      !启用RIP动态路由协议
R2(config-router)#network 192.168.2.0      !宣告直连网络
R2(config-router)#network 10.4.2.0         !宣告直连网络
R2(config-router)#version 2                ! 版本2
R2(config-router)#default-metric 10        !默认跳数10
R2(config-router)#end
R2#wr
```

（4）路由器 R3 上的主要配置代码如下。

```
Router>en
Router#conf t
Router(config)#host R3
R3(config)#int s0/0
R3(config-if)#ip addr 10.4.1.2 255.255.255.0
R3(config-if)#no sh
R3(config-if)#int f0/0
R3(config-if)#ip addr 192.168.3.1 255.255.255.0
R3(config-if)#no sh
R3(config)#int s0/1
R3(config-if)#ip addr 10.4.2.2 255.255.255.0
R3(config-if)#no sh
R3(config-if)#ex
R3(config)#router rip                      !启用RIP动态路由协议
R3(config-router)#network 192.168.3.0      !宣告直连网络
R3(config-router)#network 10.4.1.0         !宣告直连网络
R3(config-router)#network 10.4.2.0         !宣告直连网络
R3(config-router)#version 2                ! 版本2
```

```
R3(config-router)#default-metric 10        !默认跳数 10
R3(config-router)#end
R3#wr
```

（5）配置完毕，运行"show ip rou"命令，在特权模式下查看路由表，结果如下（以R3 为例）。

```
R3#sh ip rou
Codes: C - connected, S - static, I - IGRP, R - RIP, M - mobile, B - BGP
       D - EIGRP, EX - EIGRP external, O - OSPF, IA - OSPF inter area
       N1 - OSPF NSSA external type 1, N2 - OSPF NSSA external type 2
       E1 - OSPF external type 1, E2 - OSPF external type 2, E - EGP
       i - IS-IS, L1 - IS-IS level-1, L2 - IS-IS level-2, ia - IS-IS inter area
       * - candidate default, U - per-user static route, o - ODR
       P - periodic downloaded static route
Gateway of last resort is not set
     10.0.0.0/24 is subnetted, 2 subnets
C       10.4.1.0 is directly connected, Serial10/0
C       10.4.2.0 is directly connected, Serial10/1
R    192.168.1.0/24 [120/1] via 10.4.1.1, 00:00:14, Serial10/0
R    192.168.2.0/24 [120/1] via 10.4.2.1, 00:00:21, Serial10/1
C    192.168.3.0/24 is directly connected, FastEthernet0/0
```

 路由表中，带有 C 标记的为直连路由，带有 R 标记的为 RIP 动态路由

（6）用 ping 命令验证各网络主机之间的连通性，以 PC3 和 PC2 为例，验证结果如下。

```
PC>ping 192.168.2.2
Pinging 192.168.2.2 with 32 bytes of data:
Reply from 192.168.2.2: bytes=32 time=156ms TTL=126
Reply from 192.168.2.2: bytes=32 time=140ms TTL=126
Reply from 192.168.2.2: bytes=32 time=141ms TTL=126
Reply from 192.168.2.2: bytes=32 time=125ms TTL=126
Ping statistics for 192.168.2.2:
    Packets: Sent = 4, Received = 4, Lost = 0 (0% loss),
Approximate round trip times in milli-seconds:
    Minimum = 125ms, Maximum = 156ms, Average = 140ms
```

任务 3　配置 OSPF 动态路由协议

 任务描述

培训中心计算机网络 ID 为 192.168.1.0/24，行政大楼计算机网络 ID 为 192.168.2.0/24，信息中心计算机网络 ID 为 192.168.3.0/24，由三台 RSR20 路由器相连，拓扑图如图 7-1 所示。

现在领导要求管理员配置 OSPF 动态路由协议，以适应将来网络规模的大幅扩容，实现三个网络的通信。

任务准备

（1）锐捷路由器 RSR20-4 三台，V.35 电缆两根，锐捷二层交换机三台。

（2）配置计算机一台，配置计算机与路由器连接电缆一根，一般用 Console 线。

（3）三台计算机。其 IP 地址如拓扑图 7-1 中的 PC1、PC2、PC3 所示。

注意：拓扑图中的 S 口编号不一定与真实环境一致，需要在练习前关闭路由器电源，重新安装串行口模块。

操作指导

（1）按拓扑图 7-1 连接计算机与交换机，交换机与路由器相连接。

（2）由于三个网络都比较大，用 RIP 协议是不合适的，应该选用 OSPF 协议（开放的最短路径优先协议），理由如下。

① OSPF 协议用链路状态（包括费用、距离、时延、带宽等因素）来评估路由（RIP 协议用跳数来评估），可用于规模很大的网络。为了管理这样一个大的自治型网络，OSPF 可通过区域划分网络。每个区域都运行自己的 OSPF 链路状态算法，区域内部的路由器都只需要关心自己区域中各路由器的状态信息，提高了路由效率。

② OSPF 协议的管理距离是 110，低于 RIP 协议的 120，所以如果设备同时运行 OSPF 协议和 RIP 协议，则 OSPF 协议产生的路由优先级高。

③ OSPF 协议采用组播方式进行 OSPF 包交换。

小提示：组播是一种允许组播源一次同时发送单一的数据包到组播组中的网络技术。组播源是一个或多个发送者。组播组是多个接收者。组播可以大大节省网络带宽，因为无论有多少个目标地址，在整个网络的任何一条链路上只传送单一的数据包。它提高了数据传送效率，减少了主干网出现拥塞的可能性。

④ OSPF 协议不需要频繁更新路由表，只有当网络拓扑发生变化时（发现了新的邻居），才会刷新路由表。

（3）路由器 R1 上配置 OSPF 协议的主要代码如下所示。

```
Router>en
Router#conf t
Router(config)#host R1
R1(config)#int s0/0
R1(config-if)#clock rate 64000 !设置时钟频率,使该接口为DCE端,另一端为DTE端
R1(config-if)#ip addr 10.4.1.1 255.255.255.0
R1(config-if)#no sh
R1(config-if)#int f0/0
R1(config-if)#ip addr 192.168.1.1 255.255.255.0
R1(config-if)#no sh
R1(config-if)#ex
R1(config)#router ospf 1          !启用OSPF动态路由协议,内部进程ID为1
R1(config-router)#network 10.4.1.0 0.0.0.255 area 0    !宣告直连网段
R1(config-router)#network 192.168.1.0 0.0.0.255 area 0
R1(config-router)#end
```

```
R1#wr
```

小提示: 配置 OSPF 协议的命令格式为"network　网络 ID　通配符掩码　区域号"，其中，通配符掩码用于指定网络 ID 中有效的位，取"0"代表匹配该位，取"1"代表忽略该位。很多情况下，通配符掩码是子网掩码的反码。区域号，默认是 0，并且只有同一个区域号的 OSPF 才能实现路由。

（4）路由器 R2 上配置 OSPF 协议的主要代码如下。

```
Router>en
Router#conf t
Router(config)#host R2
R2(config)#int s0/0
R2(config-if)#clock rate 64000!设置时钟频率，使该接口为 DCE 端，另一端为 DTE 端
R2(config-if)#ip addr 10.4.2.1 255.255.255.0
R2(config-if)#no sh
R2(config-if)#int f0/0
R2(config-if)#ip addr 192.168.2.1 255.255.255.0
R2(config-if)#no sh
R2(config-if)#ex
R2(config)#router ospf 1
R2(config-router)#network 10.4.2.0 0.0.0.255 area 0
R2(config-router)#network 192.168.2.0 0.0.0.255 area 0
R2(config-router)#end
R2#wr
```

（5）路由器 R3 上的主要配置代码如下。

```
Router>en
Router#conf t
Router(config)#host R3
R3(config)#int s0/0
R3(config-if)#ip addr 10.4.1.2 255.255.255.0
R3(config-if)#no sh
R3(config-if)#int f0/0
R3(config-if)#ip addr 192.168.3.1 255.255.255.0
R3(config-if)#no sh
R3(config)#int s0/1
R3(config-if)#ip addr 10.4.2.2 255.255.255.0
R3(config-if)#no sh
R3(config-if)#ex
R3(config)#router ospf 1
R3(config-router)#network 10.4.1.0 0.0.0.255 area 0
R3(config-router)#network 10.4.2.0 0.0.0.255 area 0
R3(config-router)#network 192.168.3.0 0.0.0.255 area 0
R3(config-router)#end
R3#wr
```

（6）配置完毕，运行"show　ip　rou"命令，在特权模式下查看路由条目，结果如下（以

R1 为例）。

```
R1#sh ip rou
Codes: C - connected, S - static, I - IGRP, R - RIP, M - mobile, B - BGP
       D - EIGRP, EX - EIGRP external, O - OSPF, IA - OSPF inter area
       N1 - OSPF NSSA external type 1, N2 - OSPF NSSA external type 2
       E1 - OSPF external type 1, E2 - OSPF external type 2, E - EGP
       i - IS-IS, L1 - IS-IS level-1, L2 - IS-IS level-2, ia - IS-IS inter area
       * - candidate default, U - per-user static route, o - ODR
       P - periodic downloaded static route
Gateway of last resort is not set
     10.0.0.0/24 is subnetted, 2 subnets
C       10.4.1.0 is directly connected, Serial0/0
O       10.4.2.0 [110/1562] via 10.4.1.2, 00:02:52, Serial0/0
C    192.168.1.0/24 is directly connected, FastEthernet0/0
O    192.168.2.0/24 [110/1563] via 10.4.1.2, 00:02:52, Serial0/0
O    192.168.3.0/24 [110/782] via 10.4.1.2, 00:02:42, Serial0/0
```

> 路由表中，带有 C 标记的为直连路由，带有 O 标记的为 OSPF 动态路由

（7）用 ping 命令验证各网络主机之间的连通性，以 PC1 和 PC3 为例，验证结果如下。

```
PC>ping 192.168.3.2
Pinging 192.168.3.2 with 32 bytes of data:
Reply from 192.168.3.2: bytes=32 time=140ms TTL=126
Reply from 192.168.3.2: bytes=32 time=156ms TTL=126
Reply from 192.168.3.2: bytes=32 time=156ms TTL=126
Reply from 192.168.3.2: bytes=32 time=156ms TTL=126
Ping statistics for 192.168.3.2:
    Packets: Sent = 4, Received = 4, Lost = 0 (0% loss),
Approximate round trip times in milli-seconds:
    Minimum = 140ms, Maximum = 156ms, Average = 152ms
```

 知识链接　常用的路由协议

内部网关协议（IGP）是指在一个自治系统内部网关（主机和路由器）间交换路由信息的协议。路由信息能用网间协议（IP）或者其他网络协议来说明路由传送是如何进行的。人们常常将内部网关协议（IGP）称为路由协议。

如果路由目的地是由管理员手工添加的，则这种路由称为静态路由。静态路由一般用于网段较少并且带宽不高的小网络。

工程中用得最多的还是动态路由协议。动态路由是网络中路由器之间相互通信、传递路由信息、利用收到的路由信息更新路由表的过程，它能实时地适应网络结构的变化。动态路由协议又可分为 RIP、OSPF 协议、IS-IS 协议、BGP 协议，常用的是 RIP 协议和 OSPF 协议。

（1）RIP（路由信息协议）是基于距离向量的路由协议，协议用跳数（默认为 1）来评估路由，跳数最大为 15，默认每隔 30s 发送路由更新报文，管理距离是 120。该协议收敛较慢，一般用于规模较小的网络。

（2）OSPF 协议（开放的最短路径优先协议）是一种基于链路状态的路由协议，是 RIP

的后继内部网关协议。OSPF 的作用在于最小代价路由、多条路由代价相同时，能自动将通信流量均匀分配，使负载均衡，在规模较大的网络中，一般需配置 OSPF 协议。

小提示： 所谓跳数，就是一个数据包到达目标所必须经过的路由器数目。所谓管理距离，是指一种路由协议的路由可信度。每一种路由协议按可靠性从高到低，依次分配一个信任等级，这个信任等级就叫作管理距离，直连路由的管理距离为 0，可靠度最高，静态路由的管理距离为 1，可靠度次之。OSPF 路由的管理距离为 110，RIP 路由的管理距离为 120。

任务4 配置广域网协议

任务描述

某公司为了满足不断增长的业务需求，申请了专线接入，客户端路由器与 ISP 进行链路协商时要验证身份。现在管理员需要配置路由器，以保证链路的建立并考虑其安全性。本任务的拓扑如图 7-4 所示。

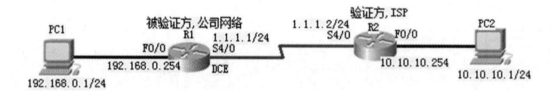

图 7-4　配置 PPP 协议拓扑图

任务准备

（1）锐捷路由器 RSR20-04 两台，V.35 电缆一根。

（2）配置计算机一台，配置计算机与路由器连接电缆一根，一般用 Console 线。

（3）两台计算机 PC1 和 PC2，分别模拟公司计算机和 ISP 方计算机。其 IP 地址如拓扑图 7-4 所示。

注意： 拓扑图中的 S 口编号不一定与真实环境一致，需要在练习前关闭路由器电源，重新安装串行口模块。

操作指导

常用的广域网协议有 HDLC 协议、PPP 协议、x.25 协议、FrameRelay 协议、ISDN 协议、PSTN 协议等，这里以配置 PPP 协议为例。

1. 路由器 R1（被验证方）的基本配置过程

```
Router>en
Router#conf t
Router(config)#host R1
R1(config)#username R2 password 0 ruijie
!为验证方主机名创建用户数据库记录,两端密码要保持一致,0 表示密码以明文输入
```

```
R1(config)#int f0/0
R1(config-if)#ip addr 192.168.0.254 255.255.255.0
R1(config-if)#no shut
R1(config-if)#int s4/0
R1(config-if)#clock rate 64000  !设置为 DCE 端，需设置时钟频率
R1(config-if)#ip addr 1.1.1.1 255.255.255.0
R1(config-if)#encapsulation ppp      !在接口上封装 PPP 协议
R1(config-if)#no shut
R1(config)#
R1#wr
```

2. 路由器 R2 的基本配置过程

```
Router>en
Router#conf t
R2(config)#username R1 password 0 ruijie
!为验证方主机名创建用户数据库记录，两端密码要保持一致,0 表示密码以明文输入
R2(config)#int f0/0
R2(config-if)#ip addr 10.10.10.254 255.255.255.0
R2(config-if)#no shut
R2(config-if)#int s4/0
R2(config-if)#ip addr 1.1.1.2 255.255.255.0
R2(config-if)#ppp authentication chap !启动 PPP 验证，并指定 PPP CHAP 验证方式
R2(config-if)#no shut
R2(config-if)#end
R2#wr
```

 小提示: 作为验证方，在用户数据库中需要设置好各个用户名和相应的密码，而用户名即是对方路由器（被验证方）的 PPP 主机名。Callin 是可选的命令选项，设定之后，只有当对方路由器（被验证方）通过拨号网络拨入时才有 CHAP 验证，对于由本端路由器拨出而建立的 PPP 连接则不挑起 CHAP 验证。因此，该命令选项不会影响专线 PPP 协商过程。

3. 验证过程

在路由器 R1 上运行"show int s4/0"命令，如果有"Serial4/0 is up，line protocol is up（connected）"的信息，则表明对端已经通过了身份验证。在路由器 R1 上运行"show ip route"命令，可查看到对方的路由条目。

知识链接　PPP CHAP 协议工作原理

PPP 协议是提供在点到点链路上承载网络层数据包的一种链路层协议。PPP 定义了一整套的协议，包括链路控制协议（LCP）、网络层控制协议（NCP）和验证协议（PAP 和 CHAP）。由于 PPP 易于扩充、支持同异步且能够提供用户验证，因而获得了较广泛的应用。

CHAP 认证一般有验证方和被验证方，CHAP 的协商由验证方发起，被验证方只发送用户名和口令（默认情况下，被验证方发送自己的主机名作为PPP用户名）。CHAP 为三次握手验证，口令为密文（密钥）。CHAP 验证过程如下。

① 验证方向被验证方发送一些随机产生的报文。

② 被验证方用自己的口令字和 MD5 算法对该随机报文进行加密，将生成的密文发回验证方。

③ 验证方用自己保存的被验证方口令和MD5算法对原随机报文进行加密，比较二者的密文，根据比较结果返回不同的响应。

任务 5　配置 NAPT，实现局域网主机上网

任务描述

某公司只向 ISP 申请了一个公网 IP 地址 200.1.8.7，希望全公司的主机都能访问 Internet，配置静态 NAPT 拓扑图如图 7-5 所示。现在要求通过 NAPT 技术来实现。

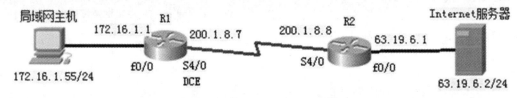

图 7-5　配置静态 NAPT 拓扑图

任务准备

（1）锐捷路由器 RSR20-04 两台，V.35 电缆一根。

（2）配置计算机一台，Console 电缆一根。

（3）两台计算机 PC1 和 PC2，分别模拟局域网计算机和 Internet 服务器（已经配置好 Web 网站）。其 IP 地址如拓扑图 7-5 所示。

注意：拓扑图中的 S 口编号不一定与真实环境一致，需要在练习前关闭路由器电源，重新安装串行口模块。

操作指导

NAPT 是一种上网机制，指局域网中具有内部本地地址的主机可以通过一个内部全局地址（这里为 200.1.8.7）访问互联网。配置 NAPT 需要建立访问控制列表（Access Control List，ACL），从而控制内部本地地址转换的范围。需要建立全局地址池，从而控制使用内部全局地址的范围。

（1）路由器 R1 的主要配置代码如下。

```
Router>en
Router#conf t
Router(config)#host R1
R1(config)#ip access-list standard 10 permit 172.16.1.0 0.0.0.255
！定义转换的内部私有地址范围
R1(config)#int f0/0
```

```
R1(config-if)#ip nat inside      !指定内网接口
R1(config-if)#int s4/0
R1(config-if)#ip nat outside     !指定外网接口
R1(config-if)#ex
R1(config)#ip nat pool to_internet 200.1.8.7 200.1.8.7 netmask
255.255.255.0   ! 指定内部全局地址池, 池名为" to_internet",等待被转换
R1(config)#ip nat inside source list 10 pool to_internet overload
!调用转换地址池
R1(config)#int s4/0
R1(config-if)#ip addr 200.1.8.7 255.255.255.0
R1(config-if)#no shut
R1(config-if)#int f0/0
R1(config-if)#ip addr 172.16.1.1 255.255.255.0
R1(config-if)#no shut
R1(config-if)#ex
R1(config)#ip route 0.0.0.0 0.0.0.0 200.1.8.8  !数据转发的默认路由
R1(config)#end
R1#wr
```

（2）路由器 R2 的主要配置代码如下。

```
Router>en
Router#conf t
Router(config)#host R2
R2(config)#int s4/0
R2(config-if)#ip addr 200.1.8.8 255.255.255.0
R2(config-if)#no shut
R2(config-if)#int f0/0
R2(config-if)#ip addr 63.19.6.1 255.255.255.0
R2(config-if)#no shut
R2(config-if)#end
R1#wr
```

（3）验证过程。在局域网计算机上 ping Internet 服务器，并访问网站，访问成功后，在 R1 上运行"show ip nat tran"命令，结果如下所示。

```
R1#sh ip nat tran
Pro  Inside global      Inside local      Outside local      Outside global
icmp 200.1.8.7:1        172.16.1.55:1     63.19.6.2:1        63.19.6.2:1
icmp 200.1.8.7:2        172.16.1.55:2     63.19.6.2:2        63.19.6.2:2
icmp 200.1.8.7:3        172.16.1.55:3     63.19.6.2:3        63.19.6.2:3
icmp 200.1.8.7:4        172.16.1.55:4     63.19.6.2:4        63.19.6.2:4
tcp 200.1.8.7:1025      172.16.1.55:1025  63.19.6.2:80       63.19.6.2:80
```

 知识链接 网络地址转换中的地址

内部私有地址又被称为内部本地地址（Inside Local Address），该地址通常是未注册的，只能在局域网内部使用。内部全局地址（Inside Global Address），指内部本地地址在外部网络

中表现出来的 IP 地址。它通常是注册的合法 IP 地址，是网络地址转换（Network Address Translation，NAT）对内部本地地址转换后的结果。

任务6　配置 DHCP 服务器

任务描述

局域网内的主机允许设为"自动获得 IP 地址"，前提是网内有专门的服务器来为这些主机分配 IP 地址，并指定其默认网关、默认 DNS 服务器等参数。这样的服务器称为"DHCP 服务器"。路由器可以配置成 DHCP 服务器。拓扑图和配置要求如图 7-6 所示。现在要求管理员配置路由器，实现 DHCP 功能。

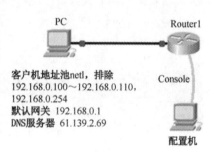

图 7-6　配置 DHCP 拓扑图

任务准备

（1）锐捷 RSR20-04 路由器一台。
（2）局域网客户机一台，设置为自动获取 IP 地址。
（3）配置计算机一台，Console 线一根。
（4）双绞线跳线一根，用来连接路由器和局域网的客户机一台。

操作指导

配置 DHCP 服务器共有四步：创建 DHCP 地址池；定义地址范围和子网掩码；配置地址租约期限；配置排除的地址。

路由器基本配置过程如下。

```
Router1>en
Router1#conf t
Router1(config)#service dhcp            !启用 DHCP 服务器
Router1(config)#ip dhcp pool net1    !定义地址池名
Router1(dhcp-config)#network 192.168.0.0 255.255.255.0
!定义地址范围和子网掩码
Router1(config)#ip dhcp excluded-address 192.168.0.100 192.168.0.110
!定义地址池排除的 IP 地址范围
Router1(config)#ip dhcp excluded-address 192.168.0.254
!定义地址池排除的单个 IP 地址
Router1(dhcp-config)#lease 0 12                    !地址的租约期限是 12
Router1(dhcp-config)#default-router 61.139.2.69     !客户机默认网关
Router1(dhcp-config)#dns-server 192.168.0.1         !客户机默认 DNS 服务器
Router1(config)#end
Router1#wr
```

项目学习评价

 学习评价

本项目主要介绍了路由设备的简单配置,它与交换机的基本配置命令很相似,内容非常丰富,历来是网络课程的重点和难点,项目内只涉及路由器的基本功能,其余功能希望读者自行查看专业文档。表 7-2 列出了项目学习中的重要知识和技能点,试着评价一下,查看学习效果。

表 7-2　重要知识和技能点自评

知识和技能点	学习效果评价
理解路由器的作用	□好　□一般　□较差
熟练掌握配置路由器静态路由和默认路由的方法	□好　□一般　□较差
熟练掌握配置路由器 RIP、OSPF 协议的方法	□好　□一般　□较差
理解 CHAP 协议的工作原理,掌握配置路由器 PPP CHAP 协议的方法	□好　□一般　□较差
理解 NAPT 的工作原理,掌握配置路由器 NAPT 的方法	□好　□一般　□较差
理解 DHCP 协议的工作原理,掌握配置路由器 DHCP 协议的方法	□好　□一般　□较差

思考与练习

一、名词解释

1．NAPT

2．静态路由

3．默认路由

4．管理距离

二、选择题

1．基于链路状态的路由协议是_____。

　　A．RIP 协议　　　B．OSPF 协议　　　C．BGP 协议

2．在配置命令"ip route　172.16.0.0　255.255.0.0　192.168.0.2"中,目标地址是_____。

　　A．172.16.0.0　　B．255.255.0.0　　C．192.168.0.2

3．下面配置了默认路由的命令是_____。

　　A．ip　route　172.16.0.0　255.255.0.0　192.168.0.2

　　B．ip　addr　192.168.0.2　255.255.255.0

　　C．ip　route　0.0.0.0　0.0.0.0　192.168.0.2

4．下面语句中,定义了地址池的是_____。

　　A．ip　nat　pool　waiwang　200.1.8.7　200.1.8.7　netmask　255.255.255.0

　　B．ip　nat　inside　source　list　10　pool　waiwang　overload

　　C．ip　route　0.0.0.0　0.0.0.0　192.168.0.2

5. 下面命令中，能查看路由器路由表的是_____。

   A. show ip nat tran

   B. show run

   C. show ip rou

三、实操题

某公司获得了唯一公有地址 202.206.233.106/24，拓扑结构如图 7-7 所示。配置要求如下。

1. 内网中的 PC1、PC2 自动获得 IP 地址，能访问外网中的 Internet PC（IP 地址为 211.81.192.10）；

2. 外网中的 PC 能通过公有地址 202.206.233.106：80 访问内网中的 Web 服务器

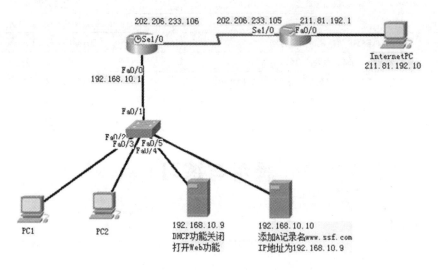

图 7-7　拓扑结构

深入篇

创建与配置网络服务器

项目 8

创建虚拟服务器

小张的公司最近开办了一个计算机网络知识培训班，面向社会招收了不少的学员。根据培训要求，必须在学员机上安装 Windows Server 2008、Linux 操作系统以及众多的实训软件。此外，应学员要求，公司打算让小张在学员机上对学员进行操作系统——Windows 10 的使用介绍……

这下让小张犯了难。机房里学员机上安装了 Windows XP 系统，培训需要的实验软件在平时根本用不着。培训结束后，这些软件必须卸载。

怎样让安装工作省时省事？勇于接受挑战的小张检查了学员机的配置，发现硬盘容量有500GB 之多，内存配置为 2GB。小张忽然觉得，创建虚拟机就可以有效解决以上难题！

小张向公司申请购买了虚拟机——VMware Workstation 中文版软件，找到培训所需的软件安装光盘，哼着歌儿，快乐地工作起来了……

项目背景

虚拟机技术是一项在一个操作系统中部署多个操作系统，从而在一台计算机上使用多系统计算机的新技术。虚拟机技术在培训学校比较常见。另外，在只有一台计算机，又必须进行多台计算机联网测试，以及其他破坏性测试的场合，也要大量用到虚拟机技术。

与传统的"多启动"系统相比，虚拟机采用了完全不同的概念。多启动系统在同一时刻只能运行一个系统，在系统切换时需要重新启动计算机。而虚拟机可真正"同时"运行多个操作系统，切换就像标准 Windows 应用程序那样方便。

项目描述

VMware Workstation 是由美国 VMware 公司开发的虚拟机软件，是 VMware 系列软件中的一种。利用它，可以在一台计算机上将硬盘和内存的一部分虚拟出若干台计算机，每台机器可以运行各自独立的操作系统而互不干扰。安装虚拟机软件 VMware 的计算机又叫作 VMware 主机。和 VMware 主机相对的是虚拟机，又称为 VMware 客户机，它拥有独立的 CMOS、硬盘空间、内存空间和操作系统。对 VMware 客户机硬盘进行的分区、格式化等操作不会对 VMware 主机有任何影响。

创建 VMware 客户机的步骤如下。

（1）安装虚拟机软件 VMware Workstation。

（2）在 VMware Workstation 中创建 VMware 客户机。

（3）在 VMware 客户机中进行必要设置，使它们能连接到局域网中。

 # 任务 1　安装 VMware Workstation

扫一扫观看
教学视频

 任务内容

安装 VMware Workstation。

 任务描述

安装虚拟机软件 VMware Workstation 和安装普通应用软件一样，先要明确安装在哪个路径，即明确 VMware 客户机的工作目录。

任务准备

（1）VMware Workstation 软件中文版安装光盘。

（2）一台安装有 Windows XP/2003 的计算机，内存大小至少 1GB，推荐为 2GB 以上。

 操作指导

将安装光盘插入光驱，自动运行后，在安装向导的帮助下操作，过程如图 8-1～图 8-6 所示。

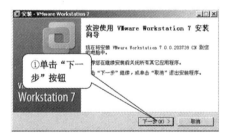

图 8-1　安装 VMware Workstation 向导

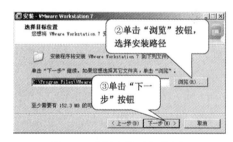

图 8-2　选择安装目标位置

图 8-3　选择安装组件

图 8-4　选择附加任务

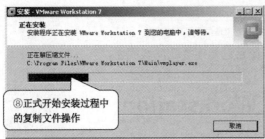

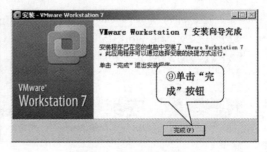

⑧正式开始安装过程中的复制文件操作

⑨单击"完成"按钮

图 8-5　正在安装 VMware Workstation 7　　　　图 8-6　安装向导完成

 知识链接　VMware 主要服务功能

（1）Bridge 服务：如果 VMware 主机在一个以太网中，则启用 Bridge 服务是 VMware 客户机接入网络最简单的方法。在这种模式下，VMware 客户机就像一个新增加的、与 VMware 主机有着同等物理地位的一台计算机，可以享受以太网中所有可用的服务，如文件服务、打印服务等。

（2）NAT 服务：如果 VMware 客户机需要接入公网，那么必须启用 VMNAT 服务。NAT 是使计算机接入公网最简便的途径。凡是选用 NAT 结构的 VMware 客户机，均由 VMnet 8 给 VMware 客户机自动分配 IP 地址、自动设置网关和 DNS 服务器 IP 地址。

（3）Host-Only 服务：这种服务用来建立隔离的 VMware 客户机环境。在这种模式下，VMware 客户机与 VMware 主机通过 VPN（虚拟私有网络）进行连接，只有同为 Host-Only 模式且在一个虚拟交换机的连接下才可以互相访问，外界无法访问。Host-Only 模式只能由 VMnet1 来分配私有 IP 地址、网关和 DNS 服务器的 IP 地址。

安装 VMware 后，依次选择"开始"→"设置"→"控制面板"选项，在"控制面板"中依次双击"管理工具"→"服务"图标，发现在服务中新增了几项，如图 8-7 所示。如果对服务不熟悉，请不要修改每个服务的属性。

此外，在桌面上右击"网上邻居"图标，在弹出的快捷菜单中选择"属性"选项，在打开的"网络连接"窗口中，发现多了两个虚拟的网络设备 VMware Network Adapter VMnet8 和 VMware Network Adapter VMnet1，如图 8-8 所示。

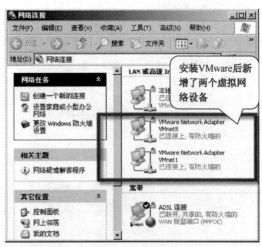

安装VMware后在服务管理器中新增了几项服务

安装VMware后新增了两个虚拟网络设备

图 8-7　查看安装 VMware 后的服务管理器　　　　图 8-8　查看安装 VMware 后的网络连接

任务 2 创建虚拟 Windows Server 2008 服务器

任务内容

（1）在 VMware 主机中创建 VMware 客户机。

（2）在 VMware 客户机中安装 Windows Server 2008 操作系统（32 位）。

（3）设置 VMware 客户机的网络属性。

任务描述

在 VMware 主机中创建虚拟 Windows Server 2008 服务器（VMware 客户机）的过程如下。

（1）在 VMware 中新建虚拟机，并将虚拟机命名为 Windows Server 2008，确定虚拟服务器的工作目录。

（2）确定虚拟服务器的磁盘容量和磁盘组织形式。

（3）在虚拟服务器中启动安装向导。在向导提示下，完成 Windows Server 2008 的安装。

（4）设置虚拟服务器的网络属性，使之连接到局域网中。

任务准备

（1）Windows Server 2008（32 位）安装光盘或镜像文件（文件扩展名为.iso），本任务推荐使用镜像文件。

（2）在 D 盘中新建目录，名为 VM2008，且该目录所在的硬盘剩余空间至少为 40GB。

操作指导

1. 在 VMware 主机中创建 VMware 客户机

打开本项目任务 1 中安装的 VMware，在向导的帮助下，创建 VMware 客户机的步骤如图 8-9～图 8-15 所示。

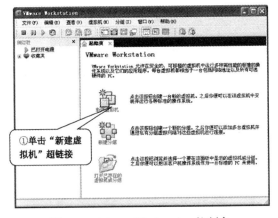

图 8-9　VMware Workstation 控制台

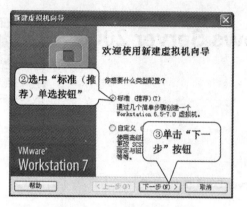

图 8-10　新建虚拟机向导

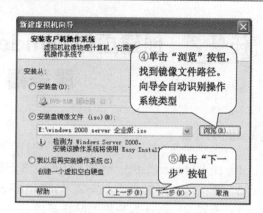

图 8-11　安装客户机操作系统

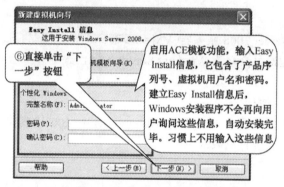

图 8-12　输入 Install 信息

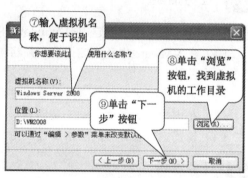

图 8-13　命名虚拟机

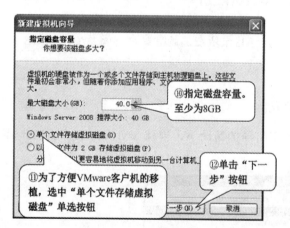

图 8-14　指定磁盘容量

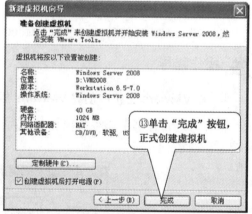

图 8-15　准备创建虚拟机

2. 在 VMware 客户机中安装 Windows Server 2008

VMware 客户机将开始 Windows Server 2008 的安装过程，主要过程如图 8-16～图 8-35
所示。

图 8-16　初始化

图 8-17　安装 Windows Server 2008 过程 1

图 8-18　安装 Windows Server 2008 过程 2

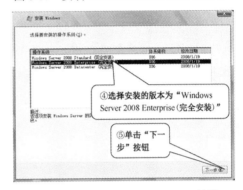

图 8-19　安装 Windows Server 2008 过程 3

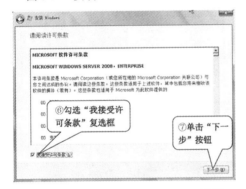

图 8-20　安装 Windows Server 2008 过程 4

图 8-21　安装 Windows Server 2008 过程 5

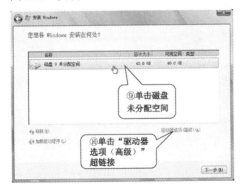

图 8-22　安装 Windows Server 2008 过程 6

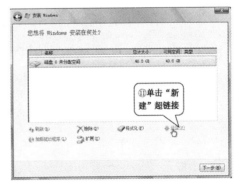

图 8-23　安装 Windows Server 2008 过程 7

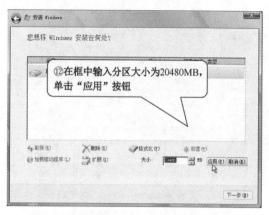

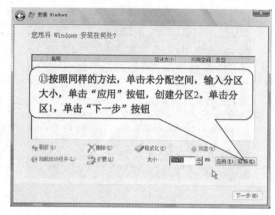

图 8-24　安装 Windows Server 2008 过程 8　　　　图 8-25　安装 Windows Server 2008 过程 9

小提示：如果新硬盘中安装了 Windows Server 2008，则创建的第一个分区自动成为主分区并且安装系统，第二个分区需要在安装完成，进入系统，并分配盘符后才能使用。

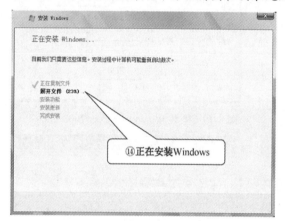

图 8-26　安装 Windows Server 2008 过程 10　　　图 8-27　安装 Windows Server 2008 过程 11

图 8-28　安装 Windows Server 2008 过程 12　　　图 8-29　安装 Windows Server 2008 过程 13

小提示：初次使用 Windows Server 2008 时，必须创建管理员密码，并且是至少 6 个字符的强密码（详细信息参见项目 9 任务 2）。

图 8-30 安装 Windows Server 2008 过程 14

图 8-31 安装 Windows Server 2008 过程 15

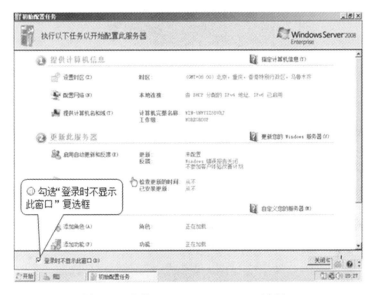

图 8-32 安装 Windows Server 2008 过程 16

图 8-33 配置 Windows Server 2008 桌面 1

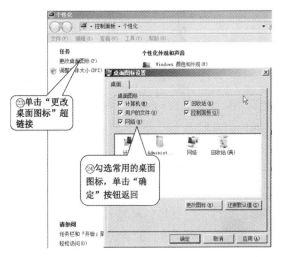

图 8-34 配置 Windows Server 2008 桌面 2

图 8-35　虚拟服务器安装完毕

3．设置 VMware 客户机的网络

VMware 客户机中操作系统安装完毕后，由于采用的是 NAT 模式，所以不能连接到 VMware 主机所在的网络中。下面来更改 VMware 客户机的网络参数，依次选择"虚拟机"→"设置"选项，操作步骤如图 8-36 和 8-37 所示。

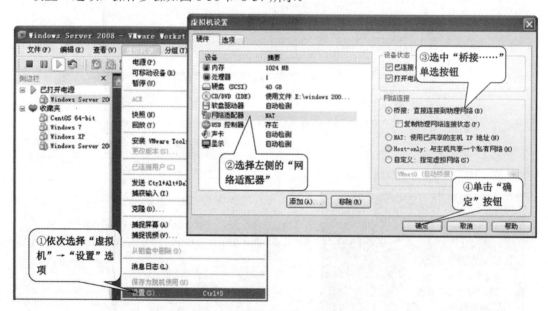

图 8-36　设置 VMware 客户机的网络

小提示：使用桥接模式后，VMware 客户机和 VMware 主机就好像接在一个交换机上，想使它们进行通信，需要为双方配置 IP 地址和子网掩码。否则，VMware 客户机也没有办法得到 DHCP 分到的 IP 地址，只能使用 169.254.这个默认的网段。

注意，在安装 VMware Workstation 后，会在 VMware 主机上生成两个虚拟网络设备 VMnet1 和 VMnet8。有人试图修改它们的 IP 地址来达到网络互连的目的，这种做法是错误的。作为连接底层硬件的驱动程序，它们不需要、也不能被修改。

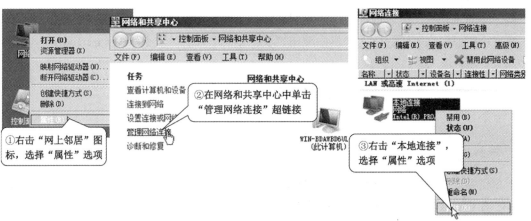

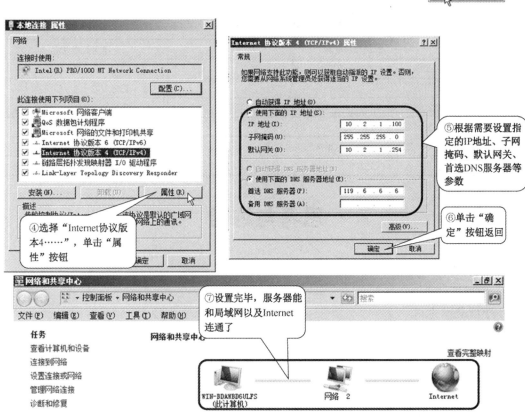

图 8-37　设置 VMware 客户机的 TCP/IP 协议

 任务拓展　设置 VMware 客户机的文件共享

和宿主机中一样，在 VMware 主机之间实现共享文件夹。现在请自行查阅资料，尝试运用"虚拟机设置"工具，将 VMware 主机中的某个文件夹共享，并尝试使其他 VMware 主机来查看。

 任务拓展　安装 VMware Tools

为了在 VMware 客户机和 VMware 主机之间或者从一台 VMware 客户机到另一台 VMware

客户机之间随意切换，或者进行文件的复制、粘贴操作，还需要安装 VMware Tools。

请自己尝试，在 VMware 客户机中双击"我的电脑"图标，安装 VMware Tools。

项目学习评价

学习评价

本项目主要学习了应用虚拟机程序 VMware 创建虚拟服务器 Windows Server 2008 的过程。表 8-1 列出了项目学习中的重要知识和技能点，试着评价一下，查看学习效果。

表 8-1　重要知识和技能点自评

知识和技能点	学习效果评价
说出 VMware 主机和 VMware 客户机的主要区别	□好　□一般　□较差
列举出虚拟机的主要用途	□好　□一般　□较差
掌握虚拟磁盘的创建方法	□好　□一般　□较差
能区分 VMware 的三种网络服务模式	□好　□一般　□较差
掌握 VMware 客户机中安装 Windows Server 2008 的主要步骤	□好　□一般　□较差
掌握将 VMware 客户机接入局域网的方法	□好　□一般　□较差

思考与练习

一、名词解释

1．虚拟机技术

2．VMware 主机

3．VMware 客户机

4．工作目录

二、选择题

1．如果 VMware 主机在一个以太网中，启用_____是 VMware 客户机接入网络最简单的方法。

　　A．Bridge 服务　　B．NAT 服务　　　C．Host-Only 服务

2．安装完 VMware Workstation 7 后，"网络邻居"中多了两个虚拟设备，它们是_____。

　　A．VMware Network Adapter VMnet0 和 VMware Network Adapter VMnet1

　　B．VMware Network Adapter VMnet8 和 VMware Network Adapter VMnet1

　　C．VMware Network Adapter VMnet1 和 VMware Network Adapter VMnet2

3．在没有安装 VMware Tools 之前，如果要从 VMware 主机切换到 VMware 客户机，则默认应按_____组合键。

　　A．Ctrl+Alt　　　　B．Ctrl+G　　　　　C．Ctrl+Alt+Delete

三、实际操作题

假设有 1 台计算机已经安装了 Windows 2003，现在有一张 Windows 7 的安装光盘，请用 VMware 创建一台 VMware 客户机（虚拟机），要求如下。

1．VMware 客户机上安装 Windows 7 系统。

2．要求能在 Windows 2003 和 Windows 7 之间任意复制粘贴文件。

3．要求使 Windows 2003 中 C 盘中映射名为"SYSTEM"的网络共享文件夹在 Windows7 中可见、只读。

4．要求 Windows 7 和 Windows 2003 位于同一个网段内。

项目 9

创建和管理域

小张的公司这几年业务发展很快，几乎每个员工都拥有一台办公计算机。公司为了支持核心业务，购置了几台性能较好的服务器，向所有员工提供了一些网络共享资源。

但是公司局域网络规模扩大了，相应管理却没有跟上，这不，一系列问题暴露出来了。

财务部门诉苦说，一些工资收入数据曝光了；市场经理抱怨说，客户资料被恶意散发了；办公室主任说，一些未经公司办公会讨论通过的文件被传播出去了；IT 部门经理说，有些用户自作主张修改系统配置，导致计算机罢工……

听到这类情况，IT 经理头都大了，他找来小张，想听听他的看法。

"一切问题的根源在于，基于工作组模式的用户，其网络访问权限没有严格限制。只要接到公司局域网内，任何共享资料都是公开的秘密。而基于域的管理模式可以有效地解决这个问题。"小张分析道。

见小张分析得颇有道理，经理放心地把网络改造的项目交给了小张来实施。

 项目背景

目前，在许多办公场景中，用户安装 Windows 2000/XP/2003/2008/7/10 时，喜欢把计算机设为工作组 Workgroup 中的一员。在本书的入门篇中已经详细介绍了工作组模式的特点。对等网也称"工作组网"。对等网采用分散管理的方式，功能上无主从之分，网络中的每台计算机既可作为客户机又可作为服务器来工作，每个用户都管理自己机器上的资源。如果一个用户共享了自己的资源，整个局域网用户都可以见到，也许会看到不该看到的信息。这从某种程度上，增加了信息安全的管理成本。

而基于域模式的局域网，每个用户都有一个登录到局域网内计算机的凭证——账户，该账户具有特定属性，如使用时间、使用机器名、安装软件权限、浏览局域网信息范围。运用域控制器，还可以制定出更多的、更灵活的管理策略。

所以，如果要用 Windows Server 2008 作为服务器，则有必要安装和配置域控制器，使它真正成为一台具有强大管理功能的服务器。

项目描述

域是由管理员定义的计算机、用户和组对象的集合。这些对象共享公用目录数据库、安全策略以及与其他域之间的安全关系。使用域模式先要创建域控制器。

域控制器是一台安装了 Active Directory（活动目录）的服务器。通过域控制器，管理员能够管理用户账户、网络访问权限、共享资源、站点拓扑以及来自域林内任意域控制器的其他目录对象。

创建和管理域的工作流程如下：

创建域控制器→创建组账户和用户账户→创建域共享文件→更改客户机的登录模式。

 创建域控制器

扫一扫观看
教学视频

任务内容

（1）创建 DNS 全名为 ssf*.com 的域。（注意：*代表实训环境下的虚拟服务器编号，为避免学生创建的域相互冲突，建议用 IP 地址的主机号代替。）

（2）使 Windows Server 2008 成为新林中的主域控制器。

任务描述

域控制器，也就是安装了 Active Directory 的服务器。它主要负责管理用户对网络的各种访问权限，包括登录网络、账户的身份验证、共享资源设置、访问目录等。如果一个局域网中只安装了一台 Windows Server 2008 服务器，则一般将其设为域控制器，并且是主域控制器。

但如果局域网中原来已经存在了一台主域控制器，则新安装的 Windows Server 2008 服务器只能成为独立服务器，或主域控制器的"成员服务器"——即不需要安装 Active Directory，不需要处理账户信息，也不存储与系统安装策略有关的信息，但可以配置为专用服务器（后面介绍）。

任务准备

（1）Windows Server 2008 虚拟机。

（2）Windows Server 2008 安装光盘或其 ISO 镜像。

（3）建议先做好系统快照，以便恢复后反复训练。

操作指导

依次选择"开始"→"所有程序"→"管理工具"→"服务器管理器"选项，打开"服务器管理器"对话框，在向导的帮助下创建域控制器，如图 9-1～图 9-6 所示。

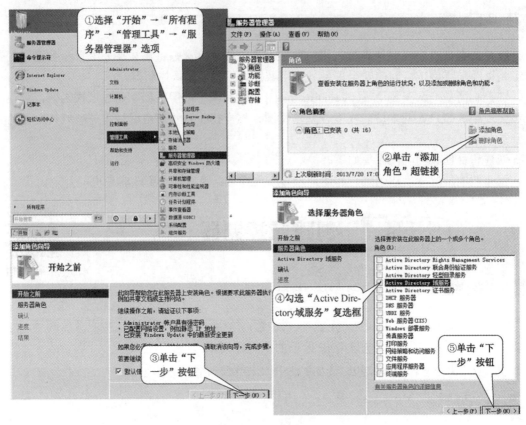

图 9-1　添加角色向导 1

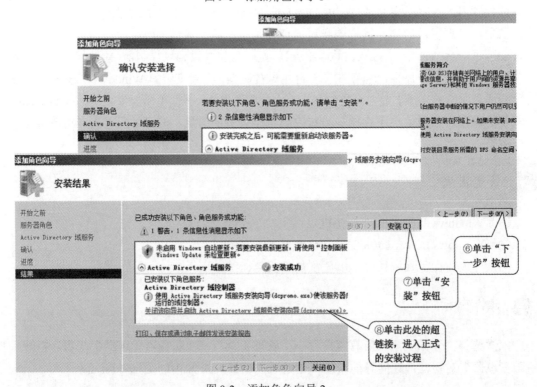

图 9-2　添加角色向导 2

图 9-3　Active Directory 域服务安装向导 1

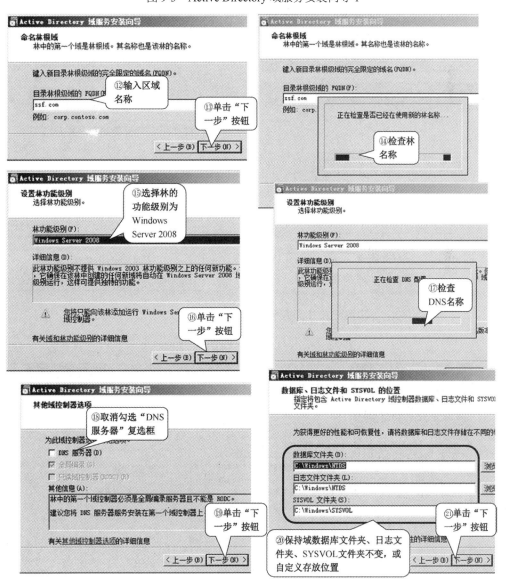

图 9-4　Active Directory 域服务安装向导 2

小提示：多人在实训室的局域网环境下输入区域名称时，不应有相同的域名称。建议用"ssf*.com"的形式区分开。例如，IP 地址为 10.100.23.194 的主机，则输入域名称为"ssf194.com"。

小提示：默认情况下，安装程序会安装 DNS（域名服务），由于后续项目将要专门讲述这部分内容，所以这里选择不安装"DNS 服务器"。

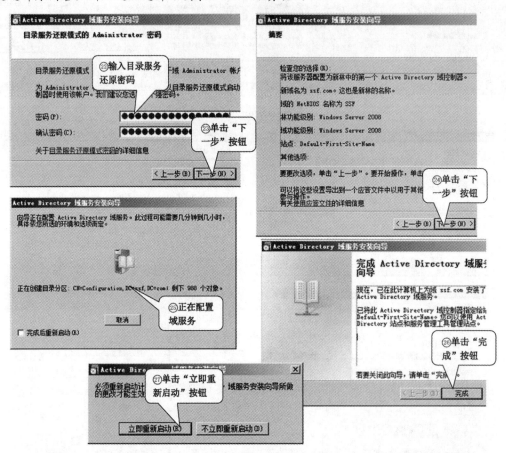

图 9-5　Active Directory 域服务安装向导 3

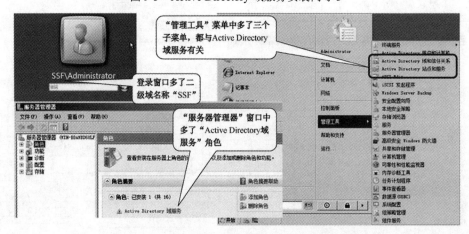

图 9-6　Active Directory 域服务安装之后的界面

知识链接 Active Directory 是什么

Active Directory 存储有关网络上的对象的信息，并使管理员和用户更方便地查找和使用这种信息。Active Directory 使用结构化的数据存储作为目录信息的逻辑化、分层结构的基础。这种数据存储，也称为目录，包含与 Active Directory 对象有关的信息。这些对象通常包括共享资源，如服务器、卷、打印机、网络用户和计算机账户。

通过登录验证以及目录中对象的访问控制，可将安全性集成到 Active Directory 中。通过一次网络登录，管理员可管理整个网络中的目录数据和单位，而且获得授权的网络用户可访问网络上的任何资源。基于策略的管理减轻了复杂的网络的管理。

任务2 创建组账户和用户账户

扫一扫观看
教学视频

🛒 任务内容

（1）在域控制器中创建组账户、用户账户。

（2）组账户 computer 属性设置。

（3）在域控制器中创建用户账户 teacher01、student01。

（4）将用户账户 teacher01 加入组 computer。

任务描述

组账户是用户和计算机账户、联系人以及其他可作为单个单元管理的集合。属于特定组账户的用户和计算机称为组成员账户，组成员账户中常用的是用户账户。

能够登录到域中的账户称为用户账户。如果创建了多个用户账户，而这些账户又具有基本相同的权限，则可以考虑将这些账户归于一个组账户。通过给组设置权限，组中的用户自动具有了相同的权限。

不管是创建组账户，还是用户账户，都是通过"开始"菜单中的"Active Directory 用户和计算机"选项来进行的。

任务准备

（1）Windows Server 2008 虚拟机。

（2）在虚拟机中安装了 Active Directory。

 操作指导

1. 创建组账户 computer

依次选择"开始"→"所有程序"→"管理工具"→"Active Directory 用户和计算机"选项，如图 9-7 所示。展开"ssf.com"下面的 Users 容器，可看见域中所有的组账户和用户账户。创建组账户 computer 的步骤如图 9-7 和图 9-8 所示。

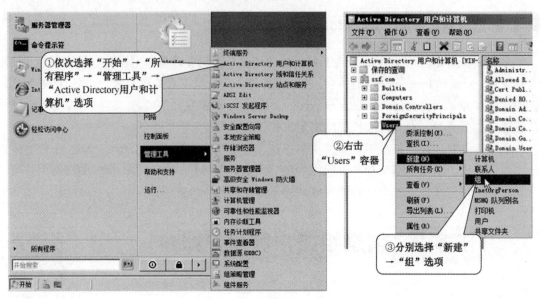

图 9-7　新建组账户，设置组账户的属性过程 1

小提示：在 Active Directory 中，位于域树下面的树及树枝结构称为 Active Directory 容器。常见的容器有：Builtin、Computers、Domain Controllers、ForeignSecurytiPrincipal、Users 等。这 5 种容器里包含了创建域时的内置对象，是不能删除的。

什么是容器呢？逻辑上包含其他对象的对象就是容器，如文件夹是容器，而文件就不是容器。容器并不是域的子树，这是两个概念。

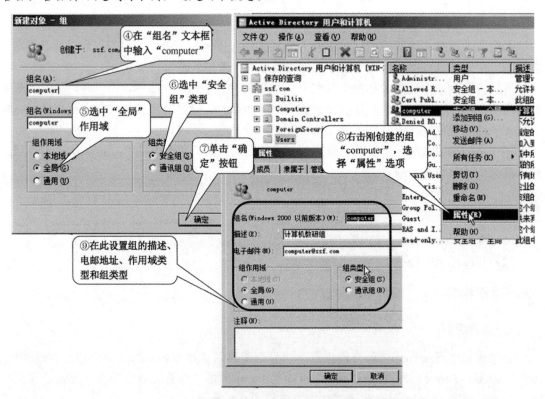

图 9-8　新建组账户，设置组账户的属性过程 2

小提示: Active Directory 中有两种类型的组，即通讯组和安全组。可以使用通讯组创建电子邮件通讯组列表，使用安全组给共享资源指派权限。

只有在电子邮件应用程序（如 Exchange）中，才能使用通讯组将电子邮件发送给一组用户。通讯组不启用安全，这意味着它们不能列在随机访问控制列表（DACL）中。如果需要组来控制对共享资源的访问，则应该创建安全组。

2. 创建用户账户并添加到组中

创建用户账户 teacher01 和 student01，将用户账户 teacher01 添加到组 computer 中。

依次选择"开始"→"所有程序"→"管理工具"→"Active Directory 用户和计算机"选项，展开"ssf.com"下面的 Users 容器，创建用户账户及添加到组中的操作步骤如图 9-9 和图 9-10 所示。

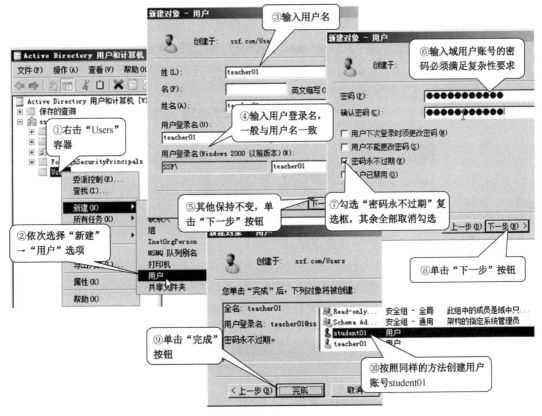

图 9-9　新建用户账户

小提示: 注意，域用户账户的密码必须满足复杂性要求，即①不能包含用户的账户名，不能包含用户姓名中超过两个连续字符的部分；②至少包含六个字符；③包含以下四类字符中的三类字符，即英文大写字母（A~Z）、英文小写字母（a~z）、10 个基本数字（0~9）、非字母字符（如!、$、#、%）。

组账户中用户账户的查看方法如图 9-11 所示。

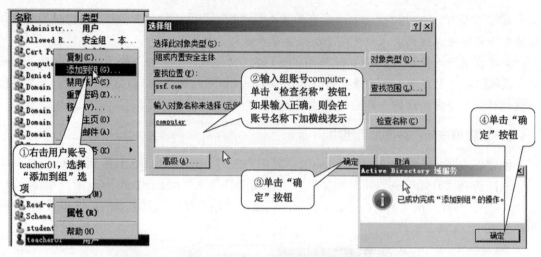

图 9-10 将用户账户 teacher01 添加到组账户 computer 中

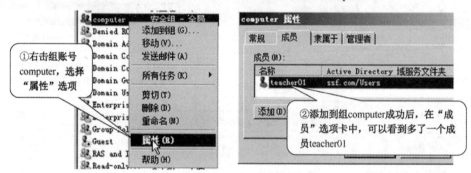

图 9-11 查看组成员账户

小提示：使用组账户的注意事项如下。

组账户不同于 Active Directory 的容器，也不同于 Windows 中的文件夹，它并没有将用户账户真正放在其中，而是为用户账户建立了一个指向。删除组账户后，其中的用户账户并没有真正被删除。所以，一个用户账户既可以放在 A 组中，又可以放在 B 组中，分别自动继承其权限。

一个组账户可以包含另一个组账户，从而使组账户具有层次性，下一级组账户继承上一级组账户的权限。

任务拓展 创建和管理组织单位

在创建 Active Directory 的域时，系统默认创建了 5 个容器。在一般情况下，使用这 5 个容器，已经能够安全高效地管理域了。

有时候，为了方便管理新建的用户账户、组账户及共享文件夹等，以免与系统内置账户混在一起，可以在域中新建容器，这个容器称为"组织单位"。组织单位可以嵌套。

请创建如图 9-12 所示的"公司"组织单位。

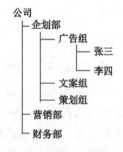

图 9-12 某公司组织单位

任务 3　创建域共享资源

任务内容

（1）在域控制器中创建文件夹 sharedoc。

（2）将文件夹 sharedoc 设为只能让 computer 组的用户共享。在脱机状态下，该组用户仍可打开共享的副本文件。

任务描述

在默认状态下，共享文件夹是由匿名用户 Everyone 共享的。如果某文件夹指定了由某个组或某个用户账户共享，则要删除用户 Everyone。

任务准备

（1）Windows Server 2008 虚拟机，已经安装了域控制器（DC）。

（2）在域控制器中已经创建了组账户 computer，组中有一个用户账户 teacher01。

（3）在域控制器中创建文件夹 sharedoc，放置相应文件。

操作指导

基于域的共享，设置访问权限，步骤如图 9-13～图 9-15 所示。

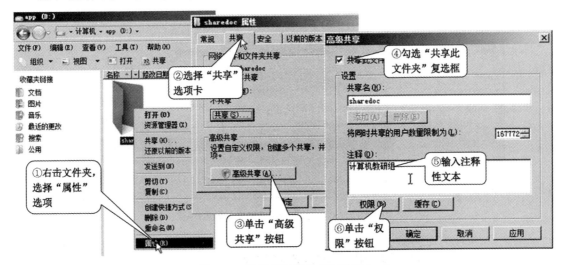

图 9-13　设置基于域的共享过程 1

设置共享完毕，在局域网内其他计算机上（推荐在 VMware 主机上）以 "\\域服务器 IP 地址" 的方式访问，操作过程和结果如图 9-16 所示。

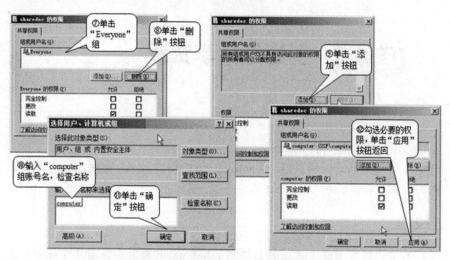

图 9-14　设置基于域的共享过程 2

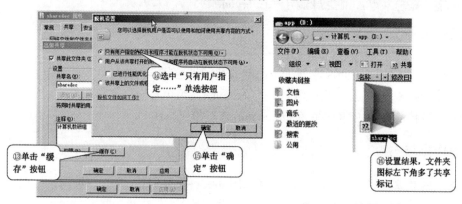

图 9-15　设置基于域的共享过程 3

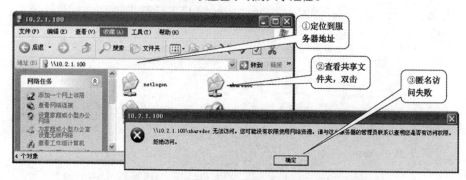

图 9-16　匿名访问基于域的共享资源，失败

任务 4　登录到域

扫一扫观看
教学视频

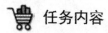　任务内容

（1）修改 Windows XP/2003 的登录模式。

（2）在 Windows XP/2003 上使用 teacher01、student01 账户分别登录到域 ssf.com。

（3）验证域共享资源对不同账户的权限。

 任务描述

在默认状态下，Windows XP/2003 是以工作组成员的身份登录到本机的，只要有本地系统账户，输入对应密码，即可访问本机里所有资源。

要使 Windows XP/2003 登录到域，首先要更改登录模式——即用指定的域用户账户登录到指定的域。如果域中已经提供了允许这些账户共享的信息，则可以查看、修改（如果可以）、复制这些信息。

 任务准备

（1）Windows Server 2008 虚拟机，安装好域控制器，创建了域 ssf*.com。

（2）如果域控制器不在本机上，请打开它，并保证网络畅通，为了实训过程顺利进行，建议关闭域控制器上的防火墙。

（3）在域控制器中已经创建了共享文件夹，并且只赋予了 computer 组的用户查看信息的权限（参考本项目任务 3）。

 操作指导

1. 修改登录模式

右击桌面上的"我的电脑"图标，在弹出的快捷菜单中选择"属性"选项，选择"计算机名"选项卡，修改登录模式的步骤如图 9-17 所示。

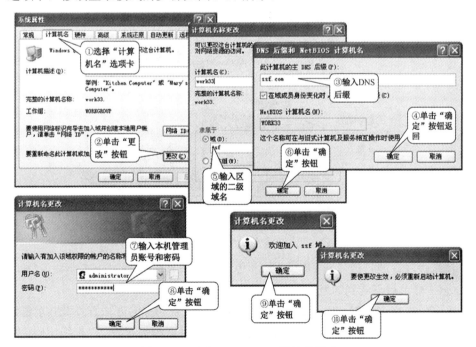

图 9-17　更改 Windows XP 登录的模式

小提示：在 XP 客户系统上修改登录模式时，常见错误是"不能联系到域 ssf.com 的域控制器"。解决办法如下：确保 XP 客户机和域控制器能互相通信，查看域控制器端的高级防火墙是否阻止了客户机的入栈连接请求；如果域服务和 DNS 是集成在一起的，则可能需要将 XP 客户机的首选 DNS 服务器 IP 地址指向域控制器的 IP 地址，并在命令行中运行"ipconfig /flushdns"命令以清空客户机上的 DNS 缓存。

2．用域账户登录到域

重新启动系统后，系统要求重新登录，登录到域"SSF"的过程如图 9-18 和图 9-19 所示。

图 9-18　登录到域的过程　　　　　　图 9-19　加载域用户个人配置

小提示：如果在域控制器端设置了不同的组策略，那么不同的账户登录到客户机后，看到的桌面可能会不同。登录成功后，在域控制器的 Computers 容器中可以查看到客户机的名称，操作步骤如图 9-20 所示。

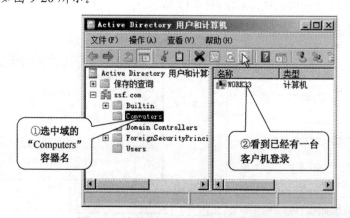

图 9-20　在控制台上查看域计算机账户

3．查看域共享资源

（1）在客户机资源管理器地址栏内输入"\\域控制器名称或 IP 地址"，图 9-21 所示为以账户 teacher01 登录后查看到的域共享文件夹 sharedoc 的情况。

（2）注销账户 teacher01，以 student01 的身份登录，以同样的方法查看域共享资源。当试图打开 sharedoc 时，弹出错误提示，指示其没有访问网络资源的权限，被拒绝访问，如图 9-22 所示。

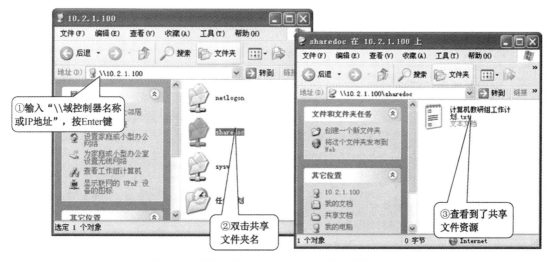

图 9-21 域用户登录成功后，查看共享资源，成功

图 9-22 切换域用户，登录成功后，查看共享资源，失败

 任务 5 创建和使用组策略

任务内容

（1）在域 ssf.com 中创建组策略 myPolicy。

（2）重新定义 myPolicy 的访问控制面板策略。

任务描述

在有些公司的网络中，域管理员不允许客户端随意更改桌面设置，甚至不允许用户访问控制面板。诸如此类的工作，都可以通过在域中建立"组策略"来进行。组策略简称为 GPO。

组策略是 Active Directory 服务中的结构，启用了基于目录的更改以及用户和计算机设置（包括安全和用户数据）的配置管理。

利用"组策略"来自定义网络计算机的步骤如下。

（1）创建组账户和用户账户。将用户账户添加到组中（参考前面的任务）。

（2）创建组策略，并委派组账户来读取和运用组策略。编辑组策略，指定"用户配置"或"计算机配置"。

任务准备

（1）Windows Server 2008 虚拟机，安装好域控制器，已经配置好域 ssf*.com。

（2）域中已经创建了组账户 student 和用户账户 student01，且用户账户 student01 已经放入组账户 student。

 操作指导

扫一扫观看
教学视频

1．创建并应用组策略

依次选择"开始"→"所有程序"→"管理工具"→"组策略管理"选项，创建并应用组策略的步骤如图 9-23 和图 9-24 所示。

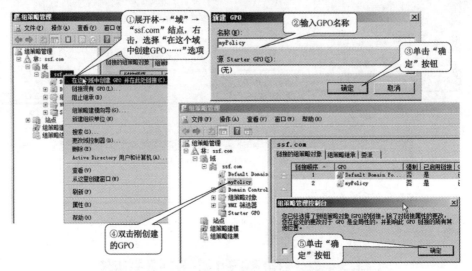

图 9-23　创建组策略（GPO）并应用的过程 1

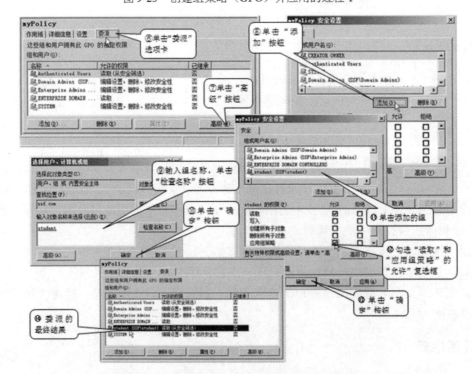

图 9-24　创建组策略（GPO）并应用的过程 2

2．设置组策略

（1）在域控制器上创建存放学生用户账户的桌面背景图片文件夹，这里以"c:\wallpaper\ beijing.jpg"为例，将该文件夹设为匿名共享（即允许 Everyone 组的成员访问）。再在组策略管理器中右击"ssf.com"区域中的"myPolicy"策略，选择"编辑"选项，打开"组策略管理编辑器"窗口，统一 student 组用户桌面背景并且禁止修改的操作步骤如图 9-25 所示。

扫一扫观看
教学视频

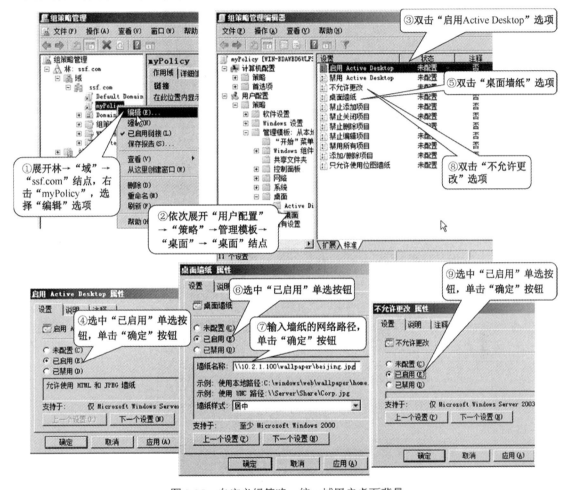

图 9-25　自定义组策略，统一域用户桌面背景

🖐 小提示：当"组策略管理编辑器"窗口打开时，可看到有两个根节点——"计算机配置"和"用户配置"。"计算机配置"允许设置适用于用户的计算机的策略，而不考虑谁是登录者。"用户配置"允许设置适用于登录到计算机上的每个用户的策略，而不考虑登录到哪台计算机。

（2）禁止 student 组用户使用控制面板的操作步骤如图 9-26 所示。

（3）在域控制器中设置了组策略并且已经委派给 student 组的用户读取和应用，结果如图 9-27 所示。但这些设置现在还不能立即生效。

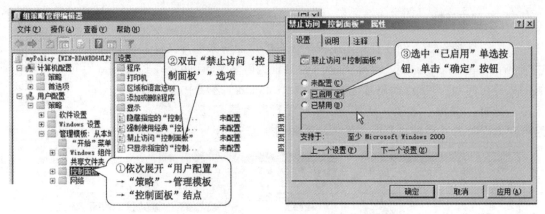

图 9-26　自定义组策略，禁止用户使用控制面板

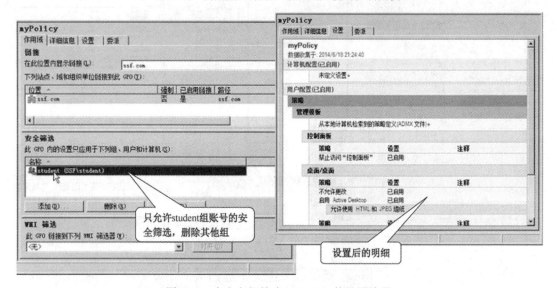

图 9-27　自定义组策略 myPolicy 的设置结果

（4）立即生效的方法是在域控制器上运行命令"gpupdate /force"，强制刷新组策略，如图 9-28 所示。

图 9-28　强制刷新组策略

3．验证组策略

（1）在 Windows XP 机器上以域用户账户 student01 登录到域 ssf。

（2）在 Windows XP 机器上，依次选择"开始"→"设置"选项，发现其中没有"控制面板"选项。打开"我的电脑"，单击左侧的"控制面板"超链接，弹出提示框，如图 9-29 和图 9-30 所示。

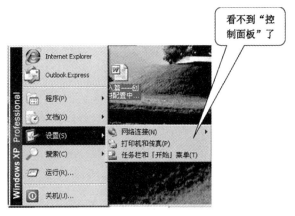

图 9-29 验证组策略生效后的画面

图 9-30 提示框

 任务拓展 处理 GPO 冲突

实际上，Windows Server 2008 除了可自定义 GPO 以外，还存在默认的 GPO（即 Default Domain Policy），有时候它们是互相冲突的。查看本机到底应用了哪些 GPO，可以运行命令"gpresult /v"查看细节。再在组策略管理器中调整域内的 GPO 执行顺序、指定策略的作用域（即安全筛选）。

项目学习评价

学习评价

本项目是全书中的难点和重点，主要学习了域、用户账户、组账户、组策略的创建和管理。表 9-1 列出了项目学习中的重要知识和技能点，试着评价一下，查看学习效果。

表 9-1 重要知识和技能点自评

知识和技能点	学习效果评价
知道域模式和工作组模式的区别	□好 □一般 □较差
知道什么是域和域控制器	□好 □一般 □较差
知道域控制器的主要功能	□好 □一般 □较差
掌握安装 Active Directory 的步骤	□好 □一般 □较差
掌握在域控制器中创建组账户和用户账户的步骤	□好 □一般 □较差
掌握怎样将用户账户加入组账户	□好 □一般 □较差
知道什么是 Active Directory 的容器	□好 □一般 □较差
掌握创建和管理组织单位的方法	□好 □一般 □较差
掌握只对域用户创建共享文件的方法	□好 □一般 □较差
掌握修改 Windows 登录模式的方法	□好 □一般 □较差
知道什么是组策略，知道它的重要作用	□好 □一般 □较差
掌握在域控制器中创建组策略的方法	□好 □一般 □较差
掌握在域控制器中应用组策略的方法	□好 □一般 □较差

思考与练习

一、名词解释

1．域控制器

2．用户账户

3．组账户

4．组织单位

5．组策略

二、选择题

1．"Active Directory 用户和计算机"选项位于"开始"→"所有程序"下面的_____中。

    A．附件　　　　　　B．管理工具　　　　　C．启动

2．如果要管理域中的计算机账户，则应选择 Active Directory 中的_____容器。

    A．Users　　　　　B．Bulitin　　　　　C．Computers　　　　D．Domain

3．如果要管理域中的用户账户，则应选择 Active Directory 中的_____容器。

    A．Users　　　　　B．Bulitin　　　　　C．Computers　　　　D．Domain

4．为了便于管理，可以在 Active Directory 中创建的容器称为_____。

    A．组账户　　　　　B．用户账户　　　　　C．计算机账户　　　　D．组织单位

三、操作题

1．在域控制器中按表 9-2 创建对象。

表 9-2　创建的对象

组 织 单 位	全 局 组	隶 属 用 户
行政部	Manager	admin_1、admin_2
销售部	Sales	sales_1、sales_2

要求如下。

① sales_1 用户登录时间为周一到周五的上午 8 时至下午 6 时。

② sales_2 用户为临时账户，要求在创建之后的一个月后过期（失效）。

2．用 Active Directory 的 computer 容器，为客户端机器创建用户账户。

3．在域控制器上对某组账户应用组策略，要求如下。

① 禁止用户使用控制面板。

② 禁止用户修改 TCP/IP 属性。

③ 对组内用户进行登录审核，并记录到安全日志中。

项目 10

创建和管理 DNS 服务器

最近公司有员工向 IT 部门反映：要想访问公司的重要服务器，必须输入不太好记的 IP 地址，远不如输入域名来得容易。有的员工浏览网页时，不时弹出"无法打开搜索页"的错误提示。

经理找到小张，问他有什么办法。

小张心想：如果组建一台 DNS 服务器，让它负责将好记的域名转换成难记的 IP 地址，不就可以解决这些问题了吗？

小张向经理表达了自己的想法，经理全力支持小张为公司组建一台 DNS 服务器。

 项目背景

域名系统（Domain Names System，DNS）是一种分层的分布式数据库，它包含从域名到各种数据类型（如 IP 地址）的映射。域名系统搭建好后，可以用比较友好的名称查找计算机和服务的位置，也可以用来发现存储在数据库中的其他信息。

由于可用 Windows Internet 名称服务（WINS）的解析方法找到网络资源，因此，DNS 服务器在小型组织中一般是不必要的。但 Internet 上的资源是使用 ISP 所运行的 DNS 服务器找到的。而且，越来越多的网络与 Internet 集成了，因此 DNS 的应用在小型网络中也比较常见。

 项目描述

现在，用具有一定意义的域名来访问网络资源更加方便，也更容易被网络用户所接受。DNS 服务器就负责将用户请求的域名或主机名转换成网络上通行的 IP 地址。它的工作原理如图 10-1 所示。

扫一扫观看
教学视频

DNS 查询以各种不同的方式进行解析。第一种，客户端可使用从先前的查询中获得的缓存信息就地应答查询。第二种，也可使用其自身的资源记录信息缓存来应答查询。第三种，还可代表客户端查询或联系其他 DNS 服务器，以便完全解析该名称，并随后将应答返回至客户端。这个过程称为递归查询。本项目介绍第二种。

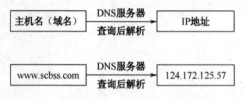

图 10-1　工作原理

　　本项目就要在 Windows Server 2008 上安装 DNS 服务器、配置 DNS 服务器，包括创建 DNS 正向、反向解析区域，创建 A 记录、CNAME 记录等。创建完毕后，该 DNS 服务器成为域内唯一的、权威的 DNS。

任务1　安装 DNS 服务器

 任务描述

　　安装 DNS 服务时通常使用"服务器管理器"向导，添加"DNS 服务器"角色。

 任务准备

（1）一台 Windows Server 2008 虚拟机，本任务开始之前已经配置为域控制器。

（2）Windows Server 2008 安装光盘或其 ISO 镜像。

 操作指导

（1）打开"服务器管理器"窗口，添加 DNS 服务器角色的步骤如图 10-2 和图 10-3 所示。

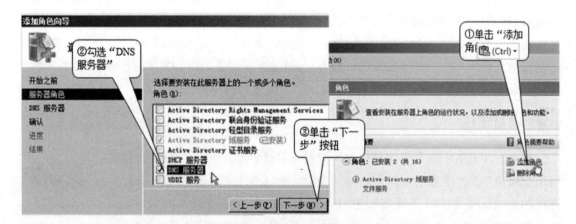

图 10-2　安装 DNS 服务器过程 1

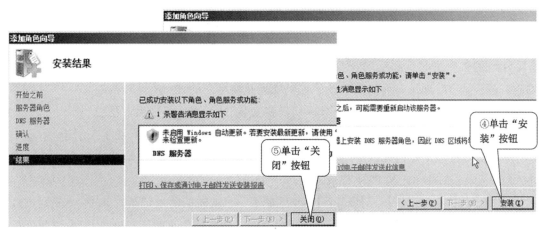

图 10-3 安装 DNS 服务器过程 2

（2）安装后的结果如图 10-4 所示。

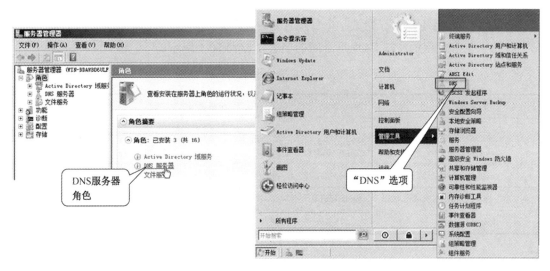

图 10-4 DNS 服务器安装后的结果

任务 2 设置 DNS 服务器

任务描述

FQDN（Fully Qualified Domain Name）即完全合格域名/全称域名，是指主机名加上全路径，全路径中列出了序列中的所有域成员。FQDN 可以从逻辑上准确地表示出主机在什么地方，也可以说 FQDN 是主机名的一种完全表示形式。从 FQDN 中包含的信息可以看出主机在域名树中的位置。

要想使 DNS 服务器将 FQDN 转换成 IP 地址，或者相反，必须新建一个区域。在这个区域中，DNS 服务器负责收集网络中主机的 IP 地址与 FQDN 之间的映射数据。

配置 DNS 服务器分为创建区域与创建资源记录两方面。

所谓区域，就是将 FQDN 转换成相关数据，如 IP 地址或网络服务。区域又分为正向查找区域和反向查找区域。正向查找区域的功能是将用户的 FQDN 解析成 IP 地址。而反向查找区域的功能是将用户的 IP 地址转换成 FQDN。由于其和域控制器集成为一体，所以在安装 DNS 服务器之后，已经自动创建了一个正向查找区域"ssf.com"。本任务中的反向查找区域需要手工创建。

扫一扫观看
教学视频

所谓资源记录，是指区域中用于维护的数据库信息，如 SOA 记录、NS 记录、A 记录、CNAME 记录、MX 记录和 PTR 记录等。

NS 记录和 SOA 记录是任何一个 DNS 区域都不可或缺的两条记录，其中，NS 记录也称名称服务器记录，用于说明这个区域中有哪些 DNS 服务器负责解析；SOA 记录说明负责解析的 DNS 服务器中哪一个是主服务器。NS 记录和 SOA 记录在安装 DNS 服务器后自动创建。

需要手工创建有 A 记录、CNAME 记录、MX 记录和 PTR 记录等。其中，A 记录也叫主机记录；CNAME 记录也叫 C 记录或别名记录。

配置好 DNS 后还要进行测试，查看配置是否正确。

本任务将完成 FQDN 与 IP 地址之间的映射，如表 10-1 所示。

表 10-1　DNS 与 IP 映射

FQDN	完成功能	记录类型	IP 地址
ns1.ssf.com		A 记录	10.2.1.100
www.ssf.com	Web 服务器	C 记录	10.2.1.100
ns2.ssf.com		A 记录	10.2.1.101
ftp.ssf.com	ftp 服务器	C 记录	10.2.1.101
Smtp.ssf.com	Smtp 服务器	C 记录	10.2.1.102

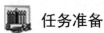 任务准备

（1）一台 Windows Server 2008 虚拟机，同时该机集域控制器和 DNS 服务器于一身。

（2）一台 Windows XP/2003 客户机。

操作指导

1. 创建反向查找区域

依次选择"开始"→"所有程序"→"管理工具"→"DNS"选项，打开"DNS 管理器"窗口，展开服务器节点，由于它与域控制器集成，所以已经创建好了正向查找区域"ssf.com"。创建反向查找区域的操作步骤如图 10-5～图 10-7 所示。

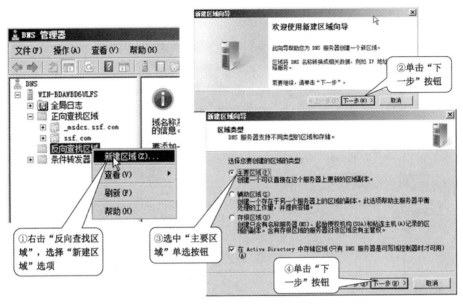

图 10-5　创建 DNS 反向查找区域过程 1

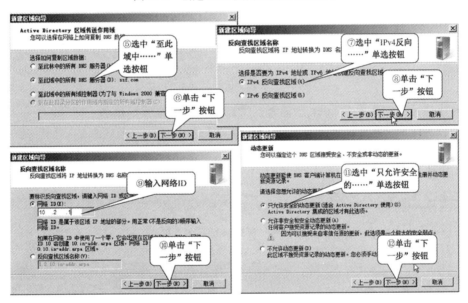

图 10-6　创建 DNS 反向查找区域过程 2

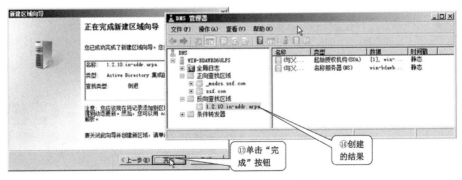

图 10-7　创建 DNS 反向查找区域过程 3

2．创建资源记录

（1）A（host），即为 A 记录，也称主机记录，是 FQDN 到 IP 地址的映射，用于正向解析。新建 A 记录的步骤如图 10-8 所示。

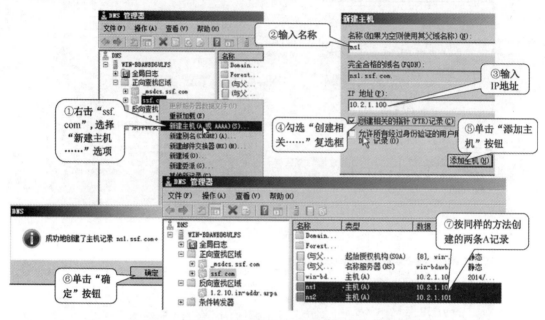

图 10-8　创建主机记录 ns1 和 ns2

小提示：PTR 是 pointer 的简写，"PTR"就是一个指针记录，用于将一个 IP 地址映射到对应的主机名，也可以看做 A 记录的反向，通过 IP 地址访问域名。

（2）CNAME 记录，也称 C 记录或别名记录，用于定义 A 记录的别名。创建 CNAME 记录的操作步骤如图 10-9 所示。

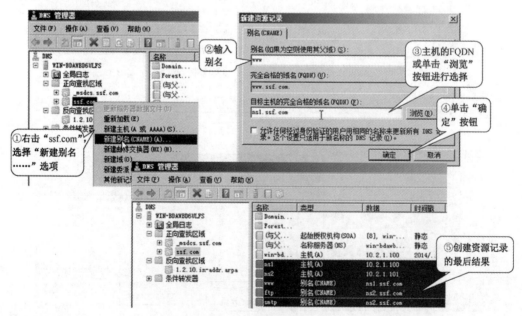

图 10-9　创建 CNAME 记录

小提示: 一般用户可能记不住 ns1.ssf.com 的 DNS 名称,但一定容易记住 www.ssf.com 的 DNS 名称,因为它是提供 WWW 服务的。所以,别名将一个 DNS 名称指向另一个更便于记忆和理解的 DNS 名称,而它们对应的 IP 地址都是一样的。

3. 测试和使用 DNS 服务器

　　(1) 修改客户机的 TCP/IP 设置,将首选 DNS 服务器指向本任务中 DNS 服务器的 IP 地址,并确保客户机和服务器之间正常通信,刷新 DNS 缓存,具体设置过程参见项目 2 的相关内容。

　　(2) 测试 DNS 最为简单的方法是在命令提示符下输入 "ping dns 名称",如果有返回,则表示设置是正确的,如图 10-10 所示。

图 10-10　用 ping 命令测试 DNS 设置

　　(3) 更为强大的测试 DNS 设置的工具是 nslookup,测试过程如图 10-11 所示。测试中,"set type=cname" 表示输入别名时,返回别名对应的正规 DNS 名称(即主机记录)。

图 10-11　用 nslookup 命令测试 DNS 设置

项目学习评价

 学习评价

本项目着重介绍了 DNS 服务器的安装和配置、测试与应用。实际上，DNS 的参数配置很复杂，如只让 DNS 服务器侦听指定的 IP 地址，当 DNS 查询不到主机记录时，可以转发给网内或网外的服务器代为查询等，有兴趣的同学可以自学这部分内容。表 10-2 列出了项目学习中的重要知识和技能点，试着评价一下，查看学习效果。

表 10-2　重要知识和技能点自评

知识和技能点	学习效果评价
理解 DNS 查询的原理	□好　□一般　□较差
理解 FQDN 的含义	□好　□一般　□较差
掌握 DNS 服务的安装步骤	□好　□一般　□较差
掌握配置正向查找区域的步骤	□好　□一般　□较差
掌握配置反向查找区域的步骤	□好　□一般　□较差
掌握添加资源记录的方法	□好　□一般　□较差
能区分常见的 A 记录、C 记录、PTR 记录	□好　□一般　□较差
掌握测试 DNS 服务器的方法	□好　□一般　□较差

思考与练习

一、填空题

1. DNS 是_____的英文缩写。
2. Internet 上的资源是使用 ISP 所运行的_____找到的。
3. DNS 服务器负责将用户请求的_____转换成网络上通行的_____。
4. 要想使 DNS 服务器将 DNS 名称转换成 IP 地址，必须新建一个_____。
5. 要想使 DNS 服务器将 IP 地址转换成 DNS 名称，必须新建一个_____。
6. 测试 DNS 服务器可用的命令工具有_____和_____。
7. 用于正向解析的、从 DNS 名称到 IP 地址的映射的资源记录是_____。

二、操作题

要求如下：用 VMware 创建几台服务器，其 IP 地址分别为 192.168.0.2～192.168.0.4，用做 WWW、FTP、SMTP 服务器。IP 地址为 192.168.0.5 的机器充当 DNS 服务器，新建域 abc.com。要求添加几条资源记录，分别是 WWW、FTP、SMTP。

项目 11

架设和使用 DHCP
服务器

　　小张公司的计算机刚开始用的是固定 IP, 网络资源的访问直接通过 "\\IP 地址" 的方式进行, 网络结构也比较清晰, 管理起来很方便。

　　俗话说 "有一利必有一弊", 公司各部门最近新增加了一批办公计算机, 要把它们接入网络。为了不使 IP 地址发生冲突, IT 部门往往要查询网络档案, 把未用过的 IP 地址分配给新的计算机, 工作显得比较烦琐。

　　"小张, 我的 IP 地址是多少？"

　　有些员工喜欢将笔记本或平板带到公司临时使用, 常因 IP 地址的设置问题找到小张。一时间, 小张成了全公司的 "热门" 人物——小张头脑里装的是哪些 IP 地址可用, 哪些 IP 地址不可用……

　　"再好的记性也有出错的时候, 技术和办法才是解决问题的万全之策。" 小张心想。

　　小张决定配置一台 DHCP 服务器, 来给这些临时加入的计算机动态地分配 IP 地址。

 项目背景

　　在入门篇中, 曾经介绍过, 启用宽带路由器的 DHCP 功能为客户机分配 IP 地址。但它的功能太弱, 配置很不灵活, 在小型网络中常用。

　　在一些中型企事业单位中, 接入网络的计算机动辄上百台, 需要为这些计算机按部门分配连续 (需考虑今后的扩展) 的、静态的 IP 地址。但那些不在单位固定使用的计算机 (如笔记本式计算机), 操作系统可能为 Windows XP/7/8/10、Linux, 环境复杂, 配置静态的 IP 地址显然是浪费的, 因为这些计算机离开本单位时, 又必须重新配置 TCP/IP 协议。

　　为了让这些计算机对用户透明地、零配置地加入本地网络, 应该在网络服务器上配置 DHCP 服务。

项目描述

DHCP 即动态主机配置协议（Dynamic Host Configuration Protocol），它是提供主机 IP 地址的动态租用配置，并将配置参数分发给网络客户端的 TCP/IP 服务协议。DHCP 提供了安全、可靠、简便的 TCP/IP 网络配置，能避免地址冲突。

创建 DHCP 服务器的工作主要有：赋予本机 DHCP 服务器的角色，给 DHCP 服务器授权。

配置 DHCP 服务器的工作主要有：确定作用域名、IP 地址租赁范围、租赁期限、排除的 IP 地址范围、DNS 和 WINS 服务器 IP 地址等。

管理 DHCP 服务器的工作主要有：创建并激活作用域、开启或停止 DHCP 服务、创建保留地址、增加新的作用域选项。

 任务1　创建并配置 DHCP 服务器

扫一扫观看
教学视频

 任务描述

安装 DHCP 服务器时，通常使用"服务器管理器"向导，并添加"DHCP 服务器"角色。

 任务准备

（1）一台 Windows Server 2008 虚拟机。
（2）Windows Server 2008 安装光盘或其 ISO 镜像。

操作指导

（1）依次选择"开始"→"所有程序"→"管理工具"→"管理您的服务器"选项，在向导提示下，创建并配置 DHCP 服务器的过程与安装 DNS 服务器的过程非常相似，这里重点列出需要注意的地方，如图 11-1 和图 11-2 所示。

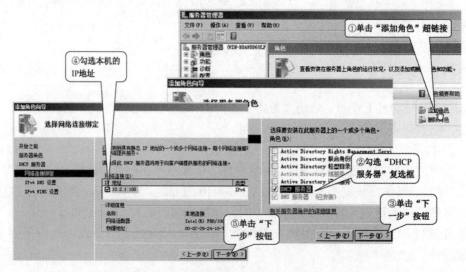

图 11-1　安装 DHCP 服务器过程 1

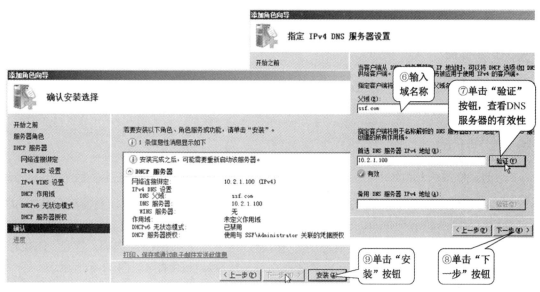

图 11-2　安装 DHCP 服务器过程 2

（2）配置完成后的结果如图 11-3 所示。

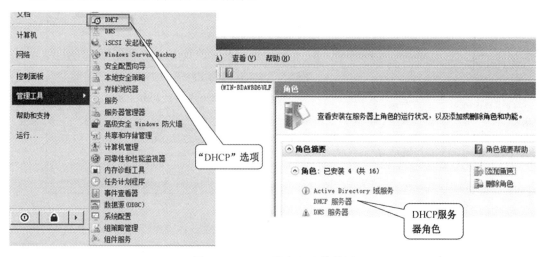

图 11-3　DHCP 服务器安装结果

 管理 DHCP 服务器

 任务描述

　　对于一台已经创建成功的 DHCP 服务器，必须新建作用域，定义作用域范围，设置作用域的一些主要参数。

　　本任务用向导创建作用域，名为 teacher，其地址池可分配 IP 地址 10.2.1.1～10.2.1.50，但要排除 10.2.1.21～10.2.1.25 地址段，另做他用；地址租用时间为 10 天；所有客户机的默认网关均为 10.2.1.254；新建保留地址 10.2.1.26，其 MAC 地址为 00-24-7E-13-23-8E，该地址不受租期限制，把它当作管理机地址。

 任务准备

（1）一台 Windows Server 2008 虚拟机。

（2）已经创建好的 DHCP 服务器。

 操作指导

1. 创建作用域 teacher

所谓作用域，就是指分配给请求动态 IP 地址的主机的 IP 地址范围。在前面安装 DHCP 服务器的过程中并没有创建。创建作用域的步骤如下。

（1）依次选择"开始"→"所有程序"→"管理工具"→"DHCP"选项，打开"DHCP"窗口，展开 IPv4 节点并右击，选择"新建作用域"选项，如图 11-4～图 11-8 所示。

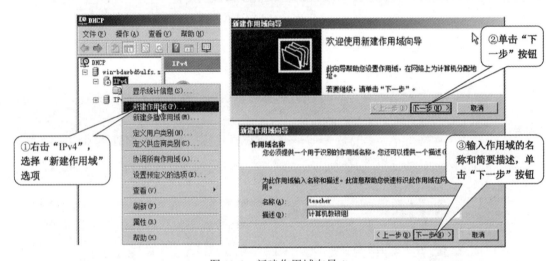

图 11-4　新建作用域向导 1

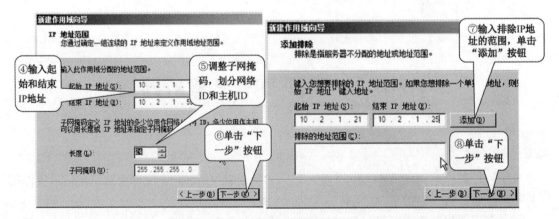

图 11-5　新建作用域向导 2

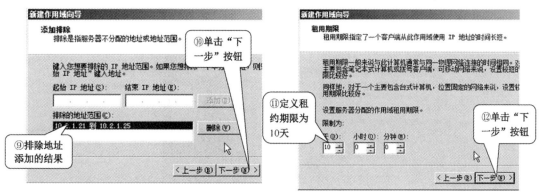

图 11-6　新建作用域向导 3

小提示：租约期限，最好根据网内需要分配地址的计算机的种类来定，如果以移动式计算机为主，则建议租约期限设置得短一些。

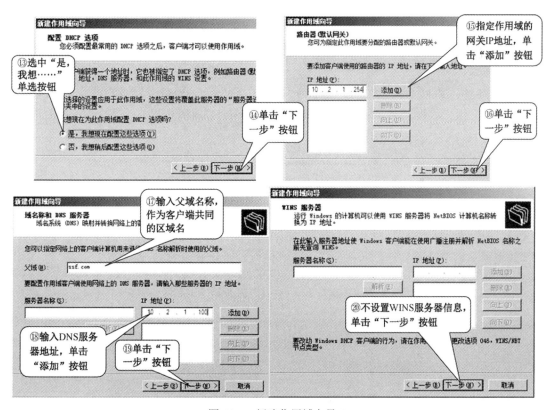

图 11-7　新建作用域向导 4

小提示：指定路由器（默认网关）IP 地址后，从 DHCP 服务器获得 IP 地址的客户端将自动将默认网关指定为该地址，而不需要另行指定。客户端的首选 DNS 服务器地址自动指向此处设置的"DNS 服务器 IP 地址"。

　　WINS 服务器处理来自 WINS 客户端的名称注册请求，注册其名称和 IP 地址，并响应客户提交的 NetBIOS 名称查询，如果该名称在服务器数据库中，则返回该查询名称的 IP 地址。早期的 Windows NT Server 3.5 或更高、Windows NT Workstation 3.5 或更高、Windows 95、运行 Microsoft TCP/IP-32 的 Windows for Workgroups 3.11、带有实模式 TCP/IP 驱动的 Microsoft Network Client 3.0 for MS-DOS、LAN Manager 2.2c for MS-DOS 必须配置 WINS 服务器。

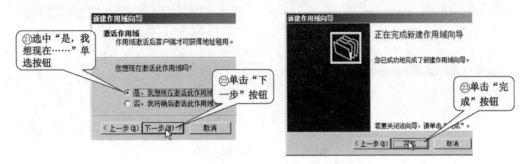

图 11-8　新建作用域向导 5

（2）配置作用域完毕，展开作用域，查看地址池，结果如图 11-9 所示。

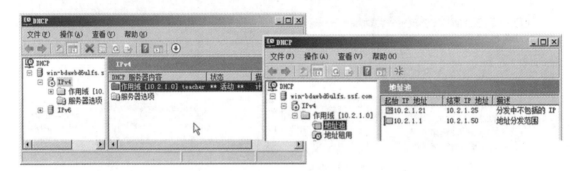

图 11-9　作用域配置结果

2．添加保留地址

（1）如果有些指定的计算机（以网卡 MAC 地址为标志）需要动态分配一个永久的 IP 地址，则需要在服务器上新建保留地址。操作过程及配置结果如图 11-10 所示。

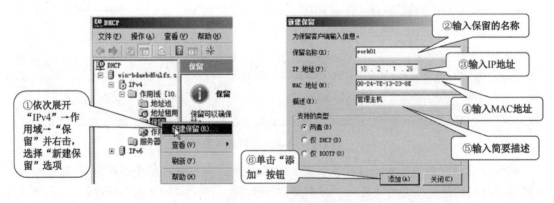

图 11-10　添加保留地址

👆 小提示：DHCP 服务器为客户端分配保留地址的原理：如果服务侦听到指定 MAC 地址的机器有连接请求，就把保留的地址分配给它，否则，就从地址池中选择一个还没有分配的地址分配给它。

小提示：Bootstrap 协议(BOOTP)是在 DHCP 之前开发的主机配置协议。DHCP 在 BOOTP 的基础上有所改进，解决了 BOOTP 作为主机配置服务时所具有的某些限制。BOOTP 旨在配置仅具备有限启动功能的无盘工作站。与 DHCP 客户端不同的是，BOOTP 客户端需要重启动，才能使 BOOTP 服务器的设置生效。

（2）保留地址配置的结果如图 11-11 所示。

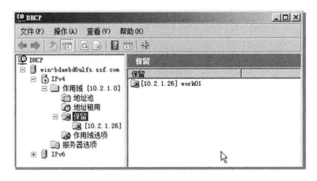

图 11-11 保留地址配置的结果

3. 验证客户端自动获取 IP 地址

（1）确保网络内只有一台这样的 DHCP 服务器在工作。建议在 VMware 虚拟服务器和 VMware 虚拟客户机上进行验证，并且断开 VMware 主机的网络。

（2）确保 VMware 虚拟客户机的 IP 地址和 DNS 服务器为"自动获取"。

（3）在租约期限内，DHCP 客户端可以获得固定的 TCP/IP 协议配置参数（如 IP 地址、子网掩码、默认网关 IP 地址、首选 DNS 服务器 IP 地址等），并根据这些配置参数连接到网络上。可以在 Windows XP 下查看本地连接的详细信息，结果如图 11-12 所示。

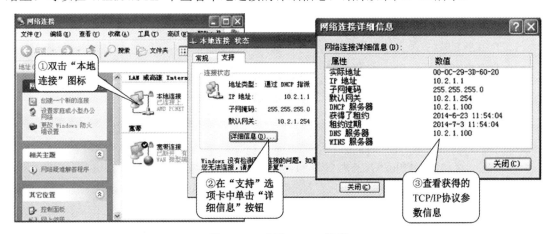

图 11-12 查看 TCP/IP 设置

 ## 任务拓展 释放 DHCP 配置

在一个比较大的网络内，地址池通常是比较紧张的。如果 DHCP 客户端在租约未满时，提前退出，并不再向 DHCP 服务端申请，则需要释放 DHCP 配置，以有效地利用地址池。

请运行"ipconfig /release"命令，查看运行后的效果。

项目学习评价

 学习评价

本项目主要学习了创建、配置、管理 DHCP 服务器的过程，并验证了 DHCP 客户端是如何动态获得 TCP/IP 配置参数的。表 11-1 列出了项目学习中的重要知识和技能点，试着评价一下，查看学习效果。

表 11-1　重要知识和技能点自评

知识和技能点	学习效果评价		
知道 DHCP 的含义及作用	□好	□一般	□较差
能说出一些必须使用 DHCP 服务器的场合	□好	□一般	□较差
掌握用创建角色的方法安装 DHCP 服务器	□好	□一般	□较差
掌握添加作用域以及作用域属性修改的方法	□好	□一般	□较差
掌握增加保留地址的方法	□好	□一般	□较差
掌握查看 DHCP 客户端 TCP/IP 协议的方法	□好	□一般	□较差

思考与练习

一、填空题

1. DHCP 的中文含义是_____。

2. DHCP 提供了安全、可靠、简便的 TCP/IP 网络配置，能避免_____冲突。

3. 如果想提高作用域地址池的利用效率，则应该缩短_____。

4. 如果想使 DHCP 客户端不受租约限制，则可以在 DHCP 服务器上新建_____。

二、操作题

1. 在一台已经创建好 DHCP 服务器的机器上修改作用域属性，要求如下。

① 起始 IP 地址和结束 IP 地址分别是 192.168.0.100，192.168.0.150。

② 排除地址为 192.168.0.135～192.168.0.140。

③ 新建保留地址 192.168.0.120，对应 MAC 地址为 00-00-00-00-00-00（假设）。

2. 在 DHCP 客户端查看获得的 TCP/IP 配置参数。

项目 12

架设 Internet 信息服务器

　　小张的公司最近两年发展得越来越好，产品供不应求，售后服务越来越重要。以前都是利用热线电话的方式，客户打电话经常占线，热线小姐疲于奔命。作为营销手段，因特网正显示出它的强大威力，客户足不出户，就可以搜索到自己想要的信息。因此，谁不注重网络信息发布，谁就是关起门来做市场。老总考察了同行业的几家公司，决定跟上时代步伐，充分应用互联网，提升售后服务的品质，把公司最新信息发布到因特网上。为此，他请专业制作人员为公司量身定做了一个网站，还在电信部门申请了一个固定 IP 地址，并租用了域名。

　　下面的工作就是怎样把网站架设起来，供 Internet 用户来访问。

　　"小张，公司的 Web 服务器，还是由你来架设吧。"经理拍着小张的肩膀说。如今，小张成长很快，公司内外好多技术问题都通过他自己的努力解决了，经理很信任这个刚走出校门的年轻人。

　　"好嘞！"还有什么比上司信任更让人高兴的呢？

 项目背景

　　Web 服务是 Internet 和 Intranet 中最为重要、最为常见的网络服务之一。该服务不仅能直接用于信息发布，还是资料查询、数据处理、网络办公、远程教育等诸多应用的基础平台，甚至可在 Web 服务器上开展电子邮件、文件传输、网络新闻等附加值很高的服务。

　　如今，稍有实力的公司，无不自建或租用 Web 服务器，廉价地通过 Internet 向全球用户提供服务，在广泛的范围内寻找合作共赢的伙伴。

 项目描述

　　Windows Server 2008 家族中的 Internet 信息服务（IIS）提供了可用于 Intranet、Internet 或 Extranet 上的集成 Web 服务器的能力，这种服务器具有可靠性、可伸缩性、安全性及可管理性的特点。可以使用 IIS 为动态网络应用程序创建功能强大的通信平台。使用 IIS 主持和管理 Internet 或 Intranet 上的网页及文件传输协议（FTP）站点，并使用网络新闻传输协议（NNTP）和简单邮件传输协议（SMTP）路由新闻或邮件。

本项目将在 Windows Server 2008 企业版上安装 Web 服务器（IIS），并在此基础上创建网站，并利用 FTP 服务器来对站点进行远程维护。

 安装 Web 服务器

扫一扫观看
教学视频

 任务描述

在默认情况下，Windows Server 2008 企业版是没有安装 Web 服务器（IIS）的，需要手工安装。安装时，需要插入 Windows Server 2008 企业版安装光盘。

安装 IIS 是通过利用"服务器管理器"，添加服务器角色的方法来进行的。

任务准备

（1）一台 Windows Server 2008 虚拟机，前期已经将它配置成了 DNS 服务器。在安装和配置 Web 服务以前，先创建快照，这样可以运用还原快照的方式来反复练习本项目。

（2）Windows Server 2008 企业版安装光盘，或者光盘的 ISO 镜像。

操作指导

（1）依次选择"开始"→"程序"→"管理工具"→"服务器管理器"选项，安装 Web 服务器（IIS）的过程如图 12-1 和图 12-2 所示。

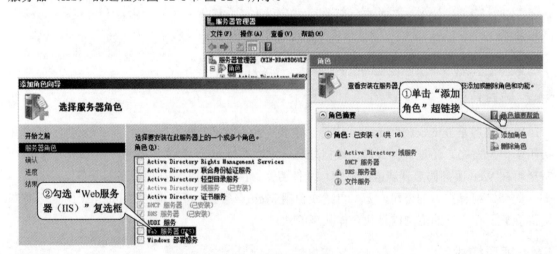

图 12-1 安装 Web 服务器（IIS）1

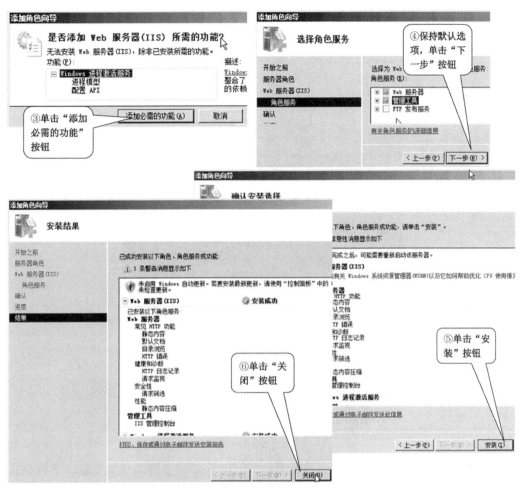

图 12-2　安装 Web 服务器（IIS）2

（2）安装之后的结果如图 12-3 所示。

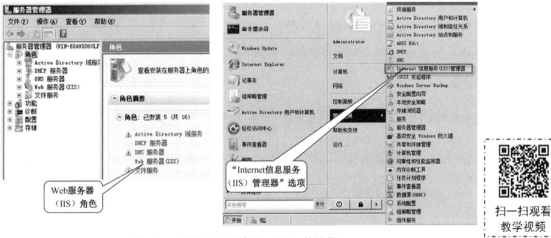

图 12-3　安装 Web 服务器（IIS）的结果

任务 2　在 IIS 上创建 Web 站点

任务描述

安装好 Web 服务器（IIS）后，已经有一个默认的网站（网站名为 "Default Web Site"）被创建，网站目录为 "C:\Inetpub\wwwroot"，其首页文件为 iisstart.htm。在客户端浏览器地址栏中输入 Web 服务器的 IP 地址，或在 Web 服务器的浏览器地址栏内输入 "http://localhost"（或 "http://127.0.0.1"），按 Enter 键，结果如图 12-4 所示。

图 12-4　默认网站首页

但这不是真正的网站内容，必须重新创建。创建 Web 站点时，必须设置以下基本信息。

（1）网站的物理路径。所谓物理路径，指的是网站文件存放的路径，也叫作主目录。

（2）网站的默认文档。所谓默认文档，又被称为网站首页文件，是指用户浏览网站时，由 Web 服务器提供的第一个页面。一般来说，首页文件名为 index.html、default.html、default.asp、default.aspx 中的一个。

（3）网站绑定的传输协议、IP 地址、TCP 端口、主机名。一般客户浏览器会用超文本传输协议（HTTP）和默认的 TCP 端口号（80）的方式来访问 Web 站点。

任务准备

（1）一台 Windows Server 2008 虚拟机，在本项目任务 1 中，该机上已经安装好了 Web 服务器（IIS）组件。

（2）准备好网站文件，也可打开电子资料包中的素材文件夹 "个性网站"，本任务将把它架设成一个网站。

操作指导

1. 停用默认的网站（80 端口）

依次选择 "开始" → "所有程序" → "管理工具" → "Internet 信息服务（IIS）管理器"

选项，打开 Web 服务管理器窗口，停用默认网站（80 端口）的操作方法如图 12-5 所示。

图 12-5　停止默认网站

2．创建新网站（80 端口）

（1）在打开的 Web 服务管理器窗口中，选中"网站"节点，创建新网站的步骤如图 12-6 和图 12-7 所示。

图 12-6　添加网站

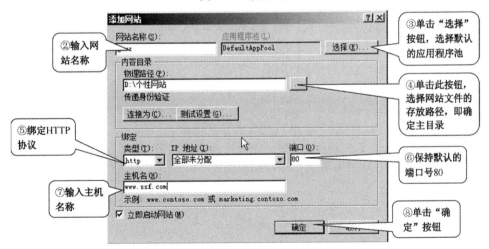

图 12-7　新网站的基本设置

　　小提示：主机名也称"主机头"，它的作用是区分用户用哪个 FQDN 来访问创建的网站。如果 Web 站点上创建了多个网站，并且共用一个响应端口（默认为 80），则可用主机名（需要事先在 DNS 中创建 CNAME 记录）加以区分。

（2）新建网站"gxwz"后，结果如图 12-8 所示。

图 12-8　新网站添加结果

（3）选中"gxwz"，在中部"gxwz 主页"的功能视图中，找到"默认文档"图标并双击，指定默认文档的操作步骤如图 12-9 所示。

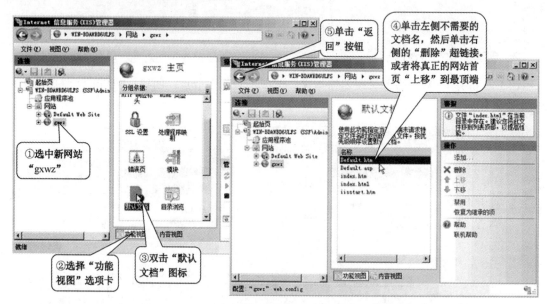

图 12-9　指定默认文档

3．浏览网站

在 Web 站点上浏览网站的过程如图 12-10 所示。如果在客户机上浏览，则它的首选 DNS 服务器地址必须指向正确，然后才能用 FQDN 的方式访问。

小提示： 在浏览器中浏览网站时，一般只需要输入 IP 地址或 FQDN，无须输入具体的网页文件，就可以浏览到首页文件提供的网页内容，因为 IIS 将把"默认文档"发送到用户的浏览器上。

小提示： 一般网站只有一个首页文件，建议删除图中多余的文件。如果网站有多个首页文件，则通过"上移"按钮，可以提高网站检索文件的速度。

4．常见错误现象及处理方法

（1）如果设置的默认文档不存在，则浏览网站将显示错误信息，如图 12-11 所示。

图 12-10　浏览网站

图 12-11　默认文档不存在的网页错误

（2）如果主目录没有给组账户 users 足够的权限，则不但不能在 IIS 管理器中调整默认文档，浏览网站时还会显示错误信息，如图 12-12 所示。

图 12-12　users 账户对主目录权限不足的错误

（3）如果 IIS 不允许匿名身份验证，则浏览网站将显示错误信息，如图 12-13 所示。

图 12-13　身份验证错误出现的错误信息

（4）如果浏览网站显示 404 的错误信息，如图 12-14 所示，则可能的原因是用 IP 地址的方式访问网站，而此时网站已经绑定了 FQDN；也有可能是网站首页文件被更改了名称。

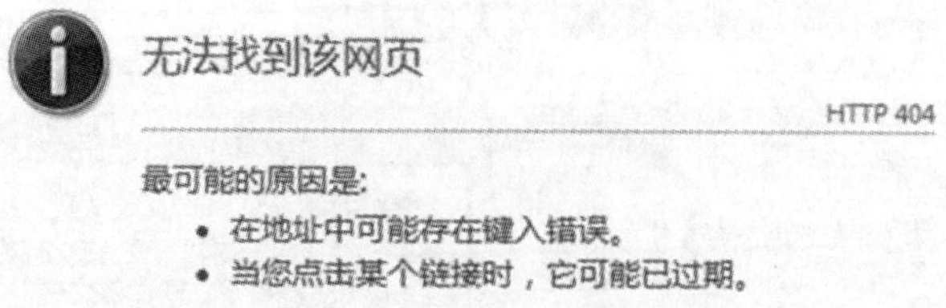

无法找到该网页

HTTP 404

最可能的原因是：

- 在地址中可能存在键入错误。
- 当您点击某个链接时，它可能已过期。

图12-14　一般错误信息

 任务拓展　一台服务器创建多个网站

如果一台服务器（即一个 IP 地址）上必须架设多个 Web 站点，该如何处理呢？这里给出以下三种方法。

一是在 DNS 服务器上创建多个不同的 CNAME 记录，其 A 记录均相同，指向一个 IP 地址，然后将这些 Web 站点分别绑定不同的主机名（即 FQDN 名称）。

二是设置每个 Web 站点具有不同的 TCP 端口，如可以使用 81、8000、8080 等 Windows 内部程序不使用的端口号来区分这些 Web 站点。

三是创建虚拟目录。虚拟目录是为服务器硬盘上不在主目录下的一个物理目录或者其他计算机上的主目录而指定的好记忆的名称或"别名"。使用别名更加安全，因为用户不知道文件在服务器上的物理位置，所以无法使用该信息来修改文件。通过使用别名，还可以更轻松地移动站点中的目录，无须更改目录的 URL，而只需更改别名与目录物理位置之间的映射。

现在请自己尝试或在老师的帮助下，完成如下拓展任务。

（1）创建一个 Web 站点，素材为电子资料包中的素材文件夹"个性网站"，采用端口号为 81，并用"http://IP 地址:端口号"的形式访问。

（2）在默认网站"Default Web Site"下创建一个虚拟目录（别名）"gxwz"，指向电子资料包中的素材文件夹"个性网站"，并用"http://IP 地址/gxwz"的形式访问。

 任务3　在 IIS 上创建 FTP 站点

 任务描述

文件传输协议（File Transfer Protocol，FTP）是 TCP/IP 协议簇中的一个成员，它是 Internet 文件传输的基础，用来在两台计算机之间通过 Internet 复制文件。担当 FTP 角色的计算机一台是 FTP 客户端，另一台是 FTP 站点。

FTP 客户端最典型的软件就是浏览器。在浏览器的地址栏内输入"FTP://IP 地址或 FQDN 名称"，采用默认的 TCP 端口（21），就可以从 FTP 服务器下载或上传（如果权限足够）文件。

而 FTP 站点需由专门软件来创建，如 Serv-U。利用 IIS 也可创建 FTP 站点，并且为 FTP 站点提供最基本的安全机制。

创建 FTP 站点与创建 Web 站点有许多类似之外，如设置站点主目录、设置端口或虚拟目录（别名）等。本任务将利用向导新建一个 FTP 站点，占用 TCP 端口号 22。

任务准备

（1）一台 Windows Server 2008 虚拟机，已经安装好 Web 服务器（IIS），这里仅需添加角色服务，安装好 IIS 的 FTP 组件，主要操作过程如图 12-15 和图 12-16 所示。

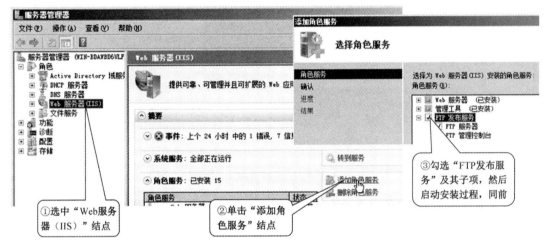

图 12-15　安装 IIS 的 FTP 组件

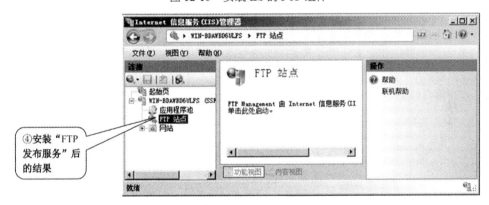

图 12-16　FTP 组件安装完毕

（2）准备好可用于下载的文件。本任务将在 D 盘中创建一个名为 sharedoc 的文件夹，其中放置若干文件。

（3）准备一台客户机，推荐在 VMware 主机上测试。测试以前，请先关闭 FTP 服务器上的防火墙。

操作指导

1．利用向导创建 FTP 站点

依次选择"开始"→"所有程序"→"管理工具"→"Internet 信息服务（IIS）管理器"选项，打开 IIS 管理器，选中"FTP 站点"，单击中间区域的"单击此处启动"，将打开 IIS 6.0 的管理器，如图 12-17 所示。安装 FTP 服务

器组件时，已经在"C:\inetpub\ftproot"目录中创建了一个默认的 FTP 站点（Default FTP Site）。该站点内容为空，占用 TCP 端口号 21，并且该 FTP 站点没有启动。

利用向导创建 FTP 站点的过程如图 12-17~图 12-19 所示。

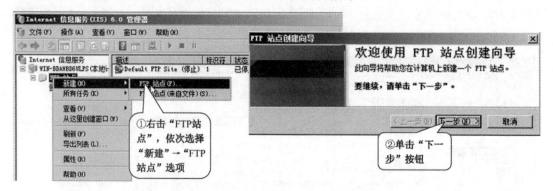

图 12-17　利用向导创建 FTP 站点的过程 1

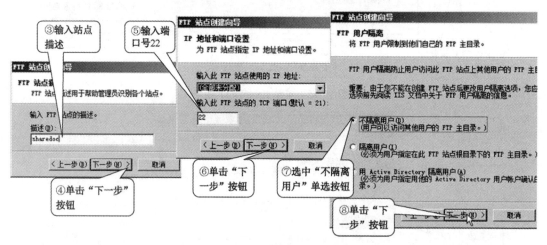

图 12-18　利用向导创建 FTP 站点的过程 2

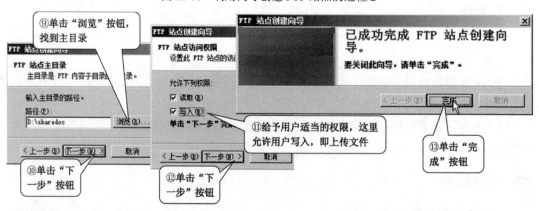

图 12-19　利用向导创建 FTP 站点的过程 3

创建的结果如图 12-20 所示。

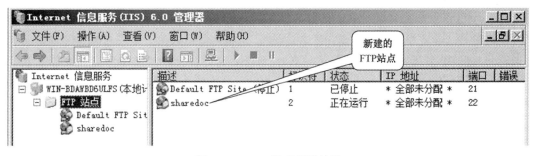

图 12-20　FTP 站点创建结果

2．设置 FTP 站点的超时限制、安全账户、消息等

右击 IIS 6.0 管理器中前面创建成功的"sharedoc" FTP 站点，选择"属性"选项，将打开"sharedoc 属性"对话框，设置过程如图 12-21 和图 12-22 所示。

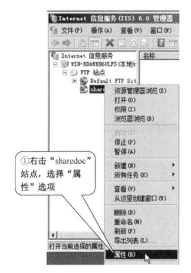

图 12-21　FTP 站点属性设置 1

小提示：FTP 站点的连接设置参数决定了能同时连接到服务器的客户端的数量，应该根据服务器的硬件配置情况灵活设置。如果设为"不受限制"，服务器只要有 CPU 资源，就接受并发连接直到内存不足，死机为止。

图 12-22　FTP 站点属性设置 2

小提示：如果勾选"只允许匿名连接"复选框，则具有管理凭据账户的那些用户将无法使用用户名和密码登录。所谓"匿名连接"，是指无需输入用户名或密码便可以访问 FTP 站点的公共区域。当用户试图连接到该站点时，服务器将连接分配给 Windows 用户账户 IUSR_computername，此处 computername 是指运行 IIS 所在的计算机的名称。默认状况下，IUSR_computername 账户包含在用户组 Guest 中，该组用户具有安全限制，由 NTFS 权限强制使用。所以"匿名连接"并不是真的不需要账户和密码，而是这个过程对用户透明。

3. 测试 FTP 站点

测试以前，首先确保服务器防火墙是关闭的。为了能用 FQDN 的方式进行测试，需要在 DNS 服务器上创建的资源记录如图 12-23 所示。

图 12-23　DNS 资源记录

由于已经自定义了端口号 22，在资源管理器的地址栏内输入"ftp:// FQDN 名称:22"，按 Enter 键后，可以浏览到站点内容，如图 12-24 所示。

图 12-24　用浏览器浏览 FTP 站点

但是，在有些操作系统中，浏览器已经将 FTP 文件夹视图集成到了一起，导致无法下载文档和上传文档。需要修改浏览器的设置，即打开浏览器，调整 Internet 选项，操作步骤如图 12-25 所示。

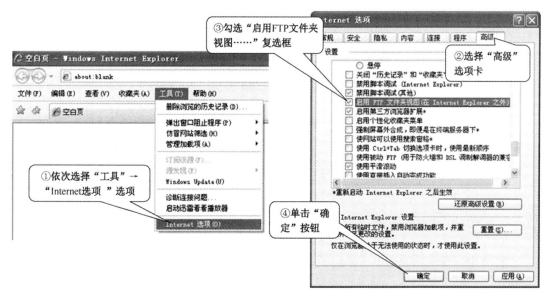

图 12-25　用浏览器浏览 FTP 站点

再次在资源管理器的地址栏内输入"ftp://FQDN 名称:22"，按 Enter 键，向 FTP 站点上传文件的操作过程如图 12-26 所示。

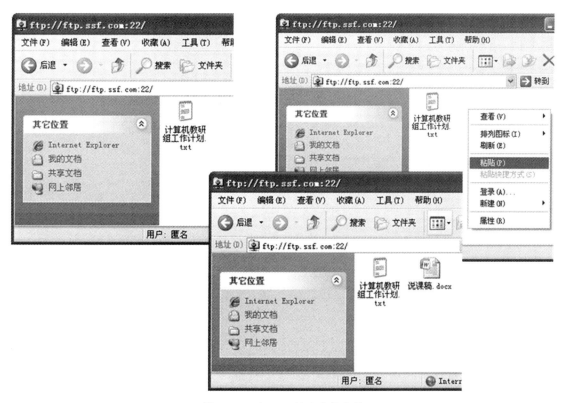

图 12-26　向 FTP 站点上传文件

4. 常见错误现象及处理办法

如果在访问 FTP 站点时弹出如图 12-27 所示的 FTP 文件夹错误提示信息，则可检查"安全账户"设置、服务器是否启用了防火墙。

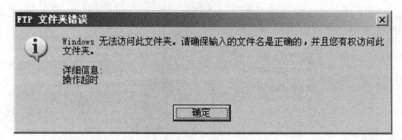

图 12-27　FTP 文件夹错误

 任务拓展　FTP 站点的高级功能

本任务中，在向导的指引下创建了 FTP 站点，该站点对所有网络用户是开放的，用户均可以自由下载和上传文件。但由此带来了安全隐患和难以管理的麻烦。可以为用户创建只有其本人才能上传和下载文件的 FTP 站点，用户无法看到彼此的 FTP 站点，这样的站点叫作"隔离型 FTP 站点"。

请阅读相关技术资料，尝试在服务器上创建用户，并创建 LocalUser 和 Public 文件夹，将用户的 FTP 站点隔离开。

如果是域控制器上建立的 FTP 站点，则请阅读相关技术资料，运用 ADSI edit 工具，创建基于域用户隔离的 FTP 站点。

项目学习评价

学习评价

本项目介绍了利用 IIS 如何创建信息服务器，如 Web 网站、FTP 网站；也介绍了主目录、端口、虚拟目录、隔离型 FTP 等重要概念。表 12-1 列出了项目学习中的重要知识和技能点，试着评价一下，查看学习效果。

表 12-1　重要知识和技能点自评

知识和技能点	学习效果评价
掌握安装 IIS 及定制 IIS 组件的方法	□好　□一般　□较差
掌握物理路径、默认文档的含义	□好　□一般　□较差
掌握修改默认网站和 FTP 站点属性的方法	□好　□一般　□较差
掌握如何将网站与传输协议、FQDN、端口绑定起来	□好　□一般　□较差
掌握在本地服务器上测试网站和 FTP 站点的方法	□好　□一般　□较差
掌握提高网站和 FTP 站点安全性的方法	□好　□一般　□较差

思考与练习

一、名词解释

1．主目录
2．首页文件
3．虚拟目录
4．匿名连接

二、选择题

1．如果要在安装 Windows Server 2008 的某台机器上架设网站，则可以为该机器添加_____角色。

  A．文件服务器　　 B．终端服务器　　 C．Web 服务器

2．"Internet 信息服务（IIS）"位于_____中。

  A．管理工具　　 B．附件　　 C．启动　　 D．我的文档

3．网站文件存放的物理路径被称为_____。

  A．主目录　　 B．首页文件　　 C．虚拟目录

4．为了网站的安全起见，下列_____选项不宜勾选。

  A．记录访问　　 B．索引资源　　 C．目录浏览　　 D．读取

5．默认 Web 网站的端口号是_____。

  A．21　　 B．80　　 C．22　　 D．25

6．默认 FTP 站点的端口号是_____。

  A．21　　 B．80　　 C．22　　 D．25

7．下列_____是访问 Web 站点的正确方法。

  A．http://域名或 IP 地址:端口号

  B．http://域名或 IP 地址-端口号

  C．http://端口号:域名或 IP 地址

三、操作题

1．修改默认网站属性，要求能浏览网站目录，端口号改为 81，请在客户机上浏览修改后的默认网站。

2．事先准备三个含有网页的文件夹，要求分别用 82、83、84 端口将这三个文件夹创建成网站，并用浏览器浏览。再分别用 vd1、vd2、vd3 的虚拟目录将这三个文件夹创建成网站，并用浏览器浏览。

3．事先准备一个文件夹，要求将它作为默认 FTP 站点（提示：修改默认 FTP 站点属性），客户机既可以下载又可以上传文件到该站点上。

成 就 篇

管理和维护局域网

项目 13

局域网管理和网络安全

工作过程中学习到的技能记忆深刻。

小张已经在公司实习了三个多月。在这段时间里，小张虚心向 IT 部门的老员工请教，学到了不少在课堂上学不到的东西。

一天，小张向 IT 部的技术骨干宋哥请教。

"宋哥，网络里面计算机越来越多了，应该从哪些方面提高网络性能呢？"

"这个问题问得好，它涉及网络管理的方方面面，如链路聚合、链路冗余、访问控制列表技术、防火墙技术……"

听宋哥一席话，小张觉得只有掌握了这些技能，才能真正成为一名令人尊敬的"网管大侠"，想到这儿，小张不禁热血沸腾了起来。

 项目背景

随着网络设备逐渐增多，采用的网络技术日趋复杂化，网络运行的不确定性大大增加了（它对公司业务的影响程度甚至超过了没有网络的情形）。一个没有管理和控制的网络将是低效的网络，网络的故障诊断、运行状态监控、账户计费等功能更是无法高效实现，这样的网络不能称为智能的网络。制定网络管理策略，是网络设计之初就应该考虑的。

项目描述

提高网络稳定性在技术上可以采用端口聚合生成冗余链路。当链路都正常时，可以提供较大的带宽；当一条链路断掉时，其流量经由其他成员链路转发，从而保证网络的畅通。

在一个管理完善的网络，总是会制定相应策略，如对重要的服务器的访问控制，对计算机联网行为的控制。本项目就来学习这些重要的网络管理技术。

任务 1 在交换机上启用端口聚合技术

任务描述

端口聚合又称链路聚合，是指两台交换机的多个端口用双绞线连接起来，聚合成一条逻辑链路，形成一个较大宽带的干路端口，并自动实现负载均衡，提供冗余链路。聚合后的端口被称为逻辑接口，拥有接口编号。

本任务中，假设某公司采用两台交换机组成局域网络，由于很多流量是跨过交换机进行转发的，因此需要提高交换机之间的传输带宽，并实现链路冗余备份，实现按源 IP 与目的 IP 的流量分配。为此，管理员需要在两台交换机之间采用两根网线相连，并将相应的两个端口聚合为一个逻辑接口。

任务准备

锐捷交换机 S2328 两台，PC 两台，直通双绞线四根。交换机在配置好链路聚合之前，相互之间不要用电缆相连，否则，会产生严重的广播风暴。链路聚合拓扑图如图 13-1 所示。

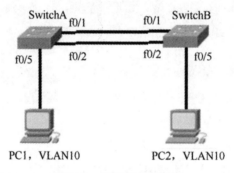

图 13-1 链路聚合拓扑图

操作指导

1. 交换机 SwitchA 的基本配置

```
Switch>en
Switch#conf t
Switch(config)#hostname Switch A
SwitchA(config)#vlan 10
SwitchA(config-vlan)#ex
SwitchA(config)#int f0/5
SwitchA(config-if)#swi acc vlan 10
```

2. 在交换机 SwitchA 上配置聚合端口

```
SwitchA(config)#int aggregateport 1      !创建逻辑接口 1
SwitchA(config-if)#swi mode trunk        !配置聚合模式为 Trunk
```

```
SwitchA(config-if)#ex
SwitchA(config)#int ran f0/1-2              !进入接口 0/1 和 0/2
SwitchA(config-if-range)#port-group 1       !配置接口 0/1 和 0/2 属于逻辑接口组 1
SwitchA(config)#aggregateport load-balance src-dst-mac !流量均衡算法
SwitchA(config-if-range)#end

SwitchA#wr
```

3. 交换机 SwitchB 的基本配置

```
Switch>en
Switch#conf t
Switch(config)#hostname SwitchB
SwitchB(config)#vlan 10
SwitchB(config-vlan)#ex
SwitchB(config)#int f0/5
SwitchB(config-if)#swi acc vlan 10
```

4. 在交换机 SwitchB 上配置聚合端口

```
SwitchB(config)#int aggregateport 1         !创建逻辑接口 1
SwitchB(config-if)#swi mode trunk           !配置聚合模式为 Trunk
SwitchB(config-if)#ex
SwitchB(config)#int ran f0/1-2              !进入接口 0/1 和 0/2
SwitchB(config-if-range)#port-group 1       !配置接口 0/1 和 0/2 属于逻辑接口组 1
SwitchA(config)#aggregateport load-balance src-dst-mac !流量均衡算法
SwitchB(config-if-range)#end
SwitchB#wr
```

5. 验证

（1）在交换机上运行命令"show aggregateport 1 summary"，查看逻辑接口的信息。

```
SwitchB#show aggregateport 1 summary      !查看端口聚合组 1 的汇总信息

AggregatePort  MaxPorts  SwitchPort   Mode   Ports
-------------  --------  ----------  ------  ------------------------
Ag1            8         Enabled      Trunk  Fa0/1,Fa0/2
```

（2）当交换机之间去掉一条直通线后，PC1 和 PC2 之间仍能 ping 通。

 小提示：应用端口聚合技术时，需要注意以下细节。

（1）只有同类型、同速率、同属于一个 VLAN 的，且相同传输介质的端口才能聚合为一个逻辑接口。

（2）锐捷交换机 S2328G 支持将 6 个物理端口聚合为一个逻辑接口，且最多支持 6 个逻辑接口。

（3）将该接口加入一个逻辑接口，如果这个逻辑接口不存在，则同时创建这个逻辑接口。

任务 2　用 ACLs 技术控制主机之间的通信

任务描述

ACLs 的全称为访问控制列表（Access Control Lists），也称为接入列表（Access Lists），在有的文档中还被称为包过滤。ACLs 通过定义一些规则对网络设备接口上的数据报文进行控制——允许通过或丢弃。

在本任务中，公司的经理部、技术部、财务部和销售部分属于不同的 4 个网段，四个部门之间用路由器进行信息传递，为了安全起见，公司领导要求销售部不能对财务部进行访问，但经理部和技术部可以对财务部进行访问。本任务的拓扑图如图 13-2 所示。

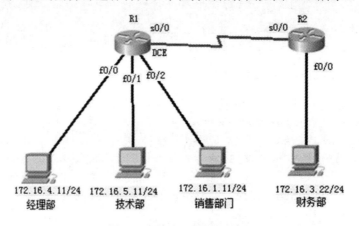

图 13-2　某公司网络拓扑图

图中，R1 接口地址为 F0/0:172.16.4.1/24，F0/1:172.16.5.1/24，F0/2:172.16.1.1/24，s0/0:172.16.2.1/24。

R2 接口地址为 F0/0:172.16.3.2/24，s0/0:172.16.2.2/24。

此外，各 F 接口 IP 地址分别为 4 台主机的网关地址。

任务准备

（1）锐捷路由器 RSR20-4 两台；计算机四台，分别代表四个部门的主机；直连线四根；V.35 电缆一根，用于连接两台路由器。

（2）由于锐捷路由器 RSR20-4 与 Cisco 1841 命令极其相似，因此，本任务可在 Cisco Packet Tracer 模拟器中进行尝试，技能熟练后转到真实的锐捷路由器上配置和测试即可。

操作指导

1. 路由器 R1 的基本配置

```
Router>en
Router#conf t
```

```
Router(config)#host R1
R1(config)#int f0/0
R1(config-if)#ip addr 172.16.4.1 255.255.255.0
R1(config-if)#no shut
R1(config-if)#int f0/1
R1(config-if)#ip addr 172.16.5.1 255.255.255.0
R1(config-if)#no shut
R1(config-if)#int f0/2
R1(config-if)#ip addr 172.16.1.1 255.255.255.0
R1(config-if)#no shut
R1(config-if)#int s0/0
R1(config-if)#ip addr 172.16.2.1 255.255.255.0
R1(config-if)#no shut
R1(config-if)#clock rate 64000
R1(config-if)#end
R1#wr
```

2. 路由器 R2 的基本配置

```
Router>en
Router#conf t
Router(config)#host R2
R2(config)#int f0/0
R2(config-if)#ip addr 172.16.3.2 255.255.255.0
R2(config-if)#no shut
R2(config-if)#int s0/0
R2(config-if)#ip addr 172.16.2.2 255.255.255.0
R2(config-if)#no shut
```

3. 标准 ACLs 定义

由于流量控制的方向在财务部计算机上,因此,该机接路由器 R2,应该在 R2 上定义 ACLs,并且限定访问的主机。

```
R2(config-if)#ex
R2(config)#ip access-list standard 1          !定义标准 ACLs,编号为 1~99
R2(config-std-nacl)#deny 172.16.1.11 255.255.255.0      /*定义规则,拒绝主机地址
172.16.1.11 的流量,更为简单的写法是 "deny host 172.16.1.11"。如果要拒绝网络 ID 为
172.16.1.0 的主机,则命令为 "deny 172.16.1.0 0.0.0.255" */
R2(config-std-nacl)#permit any          /*因为规则的最后隐含着 "deny any" 的语句,
所以在此必须加上 "permit any" 命令允许其他主机流量通过,否则 R2 均无流量能通过*/
```

4. 应用标准 ACLs

```
R2(config-std-nacl)#ex
R2(config)#int f0/0
R2(config-if)#ip access-group 1 out          !在出口方向应用列表号 1
R2(config-if)#end
```

```
R2#wr
```
在路由器 R1 上配置默认路由，使网络能够互相通信。
```
R1(config)#ip route 0.0.0.0 0.0.0.0 172.16.2.2
```

5. 验证测试

在路由器 R2 上运行"sh ip acc 1"命令，查看当前定义的 ACLs 信息。
```
R2#sh ip access-lists            !显示列表信息
Standard IP access list 1
    deny host 172.16.1.11 (4 match(es))
    permit any (8 match(es))
```
从销售部主机（172.16.1.11/24）上 ping 财务部主机（172.16.3.22/24），结果如下。
```
PC>ping 172.16.3.22
Pinging 172.16.3.22 with 32 bytes of data:
Reply from 172.16.2.2: Destination host unreachable.
Reply from 172.16.2.2: Destination host unreachable.
Reply from 172.16.2.2: Destination host unreachable.
Reply from 172.16.2.2: Destination host unreachable.
Ping statistics for 172.16.3.22:
    Packets: Sent = 4, Received = 0, Lost = 4 (100% loss),
```

> ping 命令结果表明，销售部主机流量被抛弃

从技术部主机（172.16.5.11/24）上 ping 财务部主机（172.16.3.22/24），结果如下。
```
PC>ping 172.16.3.22
Pinging 172.16.3.22 with 32 bytes of data:
Reply from 172.16.3.22: bytes=32 time=125ms TTL=126
Reply from 172.16.3.22: bytes=32 time=94ms TTL=126
Reply from 172.16.3.22: bytes=32 time=94ms TTL=126
Reply from 172.16.3.22: bytes=32 time=94ms TTL=126
Ping statistics for 172.16.3.22:
    Packets: Sent = 4, Received = 4, Lost = 0 (0% loss),
Approximate round trip times in milli-seconds:
    Minimum = 94ms, Maximum = 125ms, Average = 101ms
```
从经理部主机（172.16.4.11/24）上 ping 财务部主机（172.16.3.22/24），结果也是连通的。

🐜 **小提示**：（1）ACLs 一般配置在以下位置的网络设备上——内部网和外部网（如 Internet）之间的设备；网络两个部分交界的设备；接入控制端口的设备。

（2）ACLs 语句的执行必须严格按照表中语句的顺序，从第一条语句开始比较，一旦一个数据包的报头和表中的某个条件判断语句相匹配，那么后面的语句就将被忽略，不再进行检查。

（3）ACLs 语句的最后一定隐含着"deny any"，定义规则时，必须注意逻辑。

（4）当定义 ACLs 并应用到端口后，不能再向列表中添加规则或删除规则，必须先删除列表号，再重新定义规则。

任务3 计算机物理地址和交换机端口绑定

任务描述

为了防止 IP 地址冲突，以及网络内部攻击和破坏行为（如 MAC 地址攻击、ARP 攻击、IP/MAC 地址欺骗等），一定要为每台接入网络的计算机指定固定的 IP 地址，并且在交换机上为该 IP 地址绑定网卡的 MAC 地址，使得该用户不得随意调换计算机和连接其他主机。

本任务针对交换机的所有端口，配置最大连接数为 1，并且针对 PC 的接口进行 IP 地址+MAC 地址绑定。

任务准备

（1）锐捷交换机 S2328G 一台，配置计算机一台，主机一台（主机名为 PC，网卡 MAC 地址为 0060.5CCC.8AA6，IP 地址被指定为 192.168.0.2）。拓扑图如图 13-3 所示。

（2）由于锐捷交换机 S2328G 与 Cisco 2950-24 命令极其相似，本任务可在模拟器 Cisco Packet Tracer 中进行尝试，技能熟练后转到真实的锐捷交换机上。

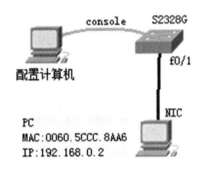

图 13-3　控制接入交换机端口拓扑图

操作指导

（1）配置交换机端口的最大连接数限制以及安全违例处理方式。

```
Switch>en
Switch#conf t
Switch(config)#hostname S2328G
S2328G(config)#int ran f0/1-24                    ! 配置端口范围
S2328G(config-if-range)#swi mode acc              !端口模式只能为Access
S2328G(config-if-range)#swi port-sec              !必须先启用端口安全
S2328G(config-if-range)#swi port-sec max 1        ! 配置端口的最大连接数为1
S2328G(config-if-range)#swi port-sec violation shutdown
                                                  !配置安全违例处理方式为shutdown
S2328G(config-if-range)#ex
S2328G(config)#ex
```

（2）配置交换机端口地址绑定。

```
S2328G(config)#int f0/1
S2328G(config-if)#swi port-sec mac-addr 0060.5ccc.8aa6 ip-addr 192.168.0.2
                                              ！配置 MAC 地址和 IP 地址绑定
S2328G(config-if)#ex
S2328G(config)#ex
S2328G#wr
```

（3）查看端口安全信息。

在特权模式下，输入命令"show port-sec"，结果如下。

```
S2328G# show port-sec
Secure Port       MaxSecureAddr(count)     CurrentAddr(count) SecurityAction
-------------    --------------------     ------------------ --------
Fa0/1-Fa0/24              128                      1              Shutdown
```

（4）更改主机的 IP 地址（例如为 192.168.0.20），刷新几次，观察网卡工作指示灯和就绪指示灯状态，此时，主机应该已经断开连接了。

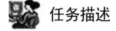小提示：（1）端口安全违例，就是将一个端口配置为一个安全端口，在其安全地址的数目已经达到允许的最大个数后，当该端口收到一个源地址不属于端口上的安全地址的包时，出现的现象。

（2）配置端口安全时有如下限制：一个安全端口不能是一个 Aggregate Port，不能是 SPAN 的目的端口，只能是一个 Access Port。

（3）端口安全的默认配置有：关闭安全开关、最大安全地址个数为 128 个、没有安全地址（需要学习）、违例处理方式为 Protect（保护）。

任务 4　用 Windows 高级防火墙关闭端口

扫一扫观看
教学视频

任务描述

只保留 Windows 工作必要的端口，关闭或控制不必要的端口，是防止被扫描和溢出的有效途径。本任务制定 Windows 高级防火墙规则，禁止远程主机连接服务器上的远程桌面访问端口 3389。

任务准备

（1）知识准备。

① 防火墙（Firewall）是一项协助确保信息安全的设备，它在内部网和外部网之间、专用网与公共网之间的界面上构造安全网关（Security Gateway），从而保护内部网免受非法用户的侵入。图 13-4 所示为某校园网中带有防火墙的拓扑结构。这是传统意义上的边界防火墙，也是硬件防火墙。

② 具有高级安全性的 Windows 防火墙是一种状态防火墙，检查并筛选 IP 版本 4（IPv4）和 IP 版本 6（IPv6）流量的所有数据包，默认情况下阻止传入流量。通过配置防火墙规则显式允许通过流量。通过使用防火墙配置文件（根据计算机连接的位置），可以应用这些规则以

及其他设置，还可以监视防火墙活动和规则。

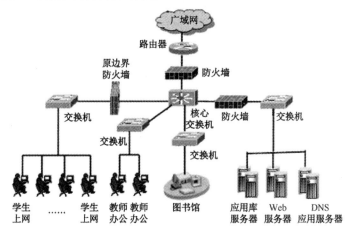

图 13-4　典型的校园网拓扑图

（2）为了防止破坏 VMware 主机的软件环境，本任务建议在 VMware 虚拟机的 Windows Server 2008 系统中进行操作，而仅把 VMware 主机当做客户机，操作前应做好快照。

 操作指导

（1）启用 VMware 虚拟机的 Windows Server 2008 服务器的远程桌面功能，此时，可以从 VMware 主机中用远程桌面软件控制 Windows Server 2008 虚拟服务器，就像在服务器本地操作一样。

（2）在 Windows Server 2008 服务器上用"Windows 高级防火墙"制定入站规则的过程如图 13-5～图 13-7 所示。

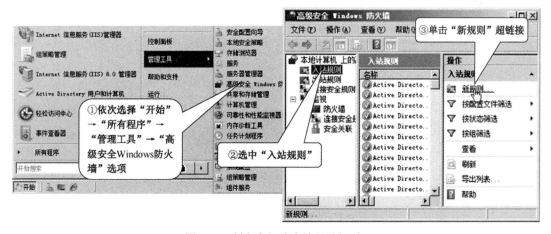

图 13-5　制定高级防火墙入站规则 1

小提示： 简单地说，规则是一系列的比较条件和对一个数据包的动作。入站规则规定了来自本机之外的通信条件（如连接本机的哪种协议下的哪个端口）以及对满足条件的数据包采取的措施（允许连接，或丢弃）。

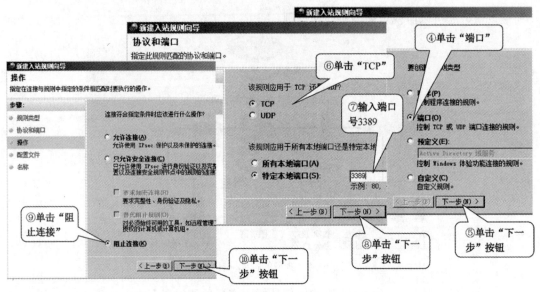

图 13-6 制定高级防火墙入站规则 2

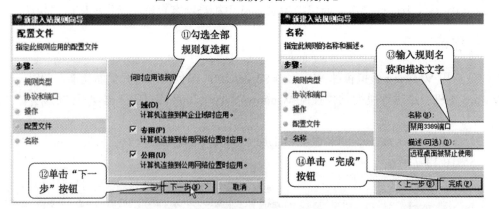

图 13-7 制定高级防火墙入站规则 3

（3）新建入站规则的结果如图 13-8 所示。

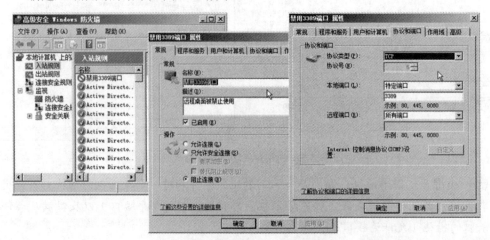

图 13-8 查看新建入站规则属性

小提示：Windows Server 2008 本身自带了一条入站规则"远程桌面"，该规则的操作是"允许连接"，并且处于启用状态。这与刚建立的"禁用 3389 端口"规则看似矛盾，但新建立的规则位于最上层，满足条件的报文被率先操作，忽略后面所有的规则。这与交换机上的 ACLs 规则的原理是一样的。

（4）在 VMware 主机上打开远程桌面窗口，输入 IP 地址，结果如图 13-9 所示。

图 13-9 重新远程登录的结果

 知识链接　Windows 的端口

这里的端口不是指与交换机上的 RJ-45 一样的物理接口。什么是端口呢？简言之，它是 TCP 协议和 IP 协议用来指定系统上的哪个程序发送或接收数据的入口。

 小提示：Windows 是一种多任务系统，不同的网络程序运行在内存中，而来自网上的连接请求是多种多样的，如 WWW 服务请求、FTP 服务请求、DNS 服务请求等。如果客户端发送一个号码为 80 的连接请求，服务器便向客户端提供 WWW 服务，这个数值"80"就是端口号。

表 13-1　常用端口编号及其描述

端口编号	关键字	协议	描述
20	FTP-DATA	TCP	文件传输（默认数据）
21	FTP	TCP	文件传输（控制）
23	Telnet	TCP	远程控制协议
25	SMTP	TCP	简单邮件传输协议
37	NTP	TCP	时间或网络时间协议
49	LOGIN	TCP	登录主机协议
53	DNS	TCP/UDP	域名服务
69	TFTP	TCP	简单文件传输协议
70	Gopher	TCP	Gopher 文件服务
80	WWW	TCP	环球网服务
137	NetBIOS-NS	TCP	NetBIOS 名称服务
139	NetBIOS-DG	TCP	NetBIOS 数据服务
161	SNMP	TCP/UDP	简单网络管理协议
433	HTTPS	TCP/UDP	安全超文本传输协议

任务拓展　制定系统防护策略

如何保护局域网中的服务器？除了在硬件上想办法之外，还可以在软件上做一些设置，制定系统防护策略。

（1）请查阅资料，弄清楚每项 Windows 服务的作用，并且把不用的服务关闭。

（2）请将服务器上的一些重要服务，如 IIS Admin Service，改为由具有系统权限的账户启动。

（3）请启用 Windows Update 服务，使系统运行时自动弥补漏洞，最大限度地防范溢出风险。

（4）经过老师的同意，在服务器上安装个人防火墙软件，用白名单或黑名单工具，精确控制程序访问 Internet。

项目学习评价

学习评价

本项目介绍了交换机管理的一些技巧。表 13-2 列出了项目学习中的重要知识和技能点，试着评价一下，查看学习效果。

表 13-2　重要知识和技能点自评

知识和技能点	学习效果评价
理解交换机链路聚合的重要性	□好　□一般　□较差
能熟练启用交换机链路聚合的功能	□好　□一般　□较差
能熟练定义标准 ACLs，并添加规则	□好　□一般　□较差
能熟练在端口上应用 ACLs	□好　□一般　□较差
能启用端口安全检查，配置最大连接数，处理安全违例	□好　□一般　□较差
能将端口与 MAC 地址和 IP 地址绑定	□好　□一般　□较差
深刻理解 Windows 端口的概念，并掌握常用端口的应用	□好　□一般　□较差
能制定高级防火墙规则并应用	□好　□一般　□较差

思考与练习

一、名词解释

1．链路聚合
2．访问列表 ACLs
3．端口安全违例
4．防火墙
5．入站规则
6．Windows 端口

二、选择题

1. 下面启用端口聚合功能的命令是_____。
　　A．port-group　1
　　B．swi　mode　trunk
　　C．hostname　SwitchB

2. 下面定义了标准 ACLs 的命令是_____。
　　A．ip　access-group　1　out
　　B．ip　access-list　standard　1
　　C．permit　any

3. 下面启用交换机端口安全的命令是_____。
　　A．swi　mode　acc　　　　　　　B．swi　port-sec
　　C．swi　port-sec　max　1　　　　D．swi　port-sec　violation　shutdown

4. Windows 系统中文件传输协议所用的端口号为_____。
　　A．25　　　　　　B．21　　　　　　C．23　　　　　　D．80

5. 若要防止远程主机通过 3389 端口控制本机，可以在 Windows 高级防火墙上创建_____。
　　A．入站规则　　　　B．出站规则　　　　C．监视　　　　D．连接安全规则

三、操作题

1. 尝试用 Windows 防火墙关闭 137、138、139 端口，查看局域网内机器能否访问本机的共享文件。

2. 启用本机的远程桌面，尝试在其他机器上登录本机。

3. 如果条件允许，请安装天网防火墙个人版，并制定 iexplorer.exe 程序的访问规则。

4. 请在 Cisco Packet Tracer 中构建如图 13-10 所示的模拟网络，要求实现端口聚合，实现 PC1 和 PC2 之间的互通，断开一条链路后，PC1 和 PC2 之间仍然互通。

5. 请在 Cisco Packet Tracer 中构建如图 13-11 所示的模拟网络，要求用 ACLs 技术禁止销售部的计算机访问服务器（即禁用 ICMP）。

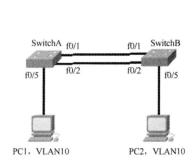

图 13-10　模拟网络 1

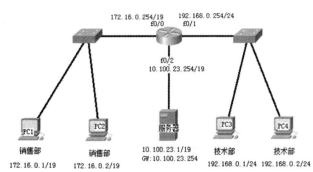

图 13-11　模拟网络 2

项目 14

局域网故障分析与排除

自从成为了公司网络管理员，小张方才感觉到网管的艰辛。他整天的工作情景是这样的：

"小张，我的计算机上不了网，请帮我解决一下好吗？"

"小张，我的计算机不能共享文件夹了，请问是怎么回事呀？"

"小张，我计算机打开网页的速度跟蜗牛一样，急死了。请帮忙看一下。"

"小张，销售部现在不能打印文档了，拜托拜托，我们快疯掉了……"

俗话说，"救场如救火"，IT 部门作为全公司的信息服务部门，解决故障，确保网络高效运行，是职责所在。小张尽心尽职处理问题，有不懂的地方就向老员工请教，半年下来，积累的心得体会足足写满了一个笔记本。

 项目背景

随着企事业单位的网络规模迅速扩大，网络环境呈现出复杂性和多样性，随之带来的是故障表现形式多种多样。一个规范的管理部门，要制定一套故障记录机制和排除的流程。虽然有机构把专家系统和人工智能技术引入进来，协助解决网络故障，但这对于初学者而言未免过于复杂。

局域网故障分析和排除，说到底是一项经验性很强的工作。掌握一定的故障诊断、排除的方法，将有助于初学者提高网络管理水平。

项目描述

本项目主要介绍网络硬件，如由网卡、交换机、ADSL Modem 常见的故障现象，分析产生的可能原因、排除方法。

排除网卡故障

 任务描述

　　网卡即"网络适配器"，是主机与局域网相互连接的桥梁。主机与网络交换信息的第一道"关口"就是网卡。所以网络故障的排除一般先从网卡开始。本任务就分析网卡故障原因及排除方法。

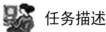 操作指导

1. 网卡驱动未安装或安装不当

　　一般来说，主机上安装的网卡在 Windows XP 以上的操作系统上无须任何设置就可以被系统识别并正常工作，这样的网卡在市面上销量很大，属于"零配置"的"即插即用"网卡。但也不排除个别"非主流"的网卡，自身的硬件不能被系统识别，常常在"设备管理器"中有黄色的惊叹号或问号图标存在。如在 Windows XP 操作系统下，在"其他设备"节点下，显示为"PCI 简易通讯控制器"的设备名称，表明 Modem 驱动没有安装。显示为"以太网控制器"的设备名称，表明网卡驱动没有安装。

　　有些集成主板需要在安装主板驱动后，再单独安装网卡驱动。

　　虽然 Windows 系统能够自动识别很多网卡并驱动它们工作，但这只是一款"公版驱动程序"，离厂家优化后的程序还有一些差别，所以强烈推荐安装网卡出厂时自带的驱动程序，或去官网下载经优化后的驱动程序。

　　当网卡在主板上更换位置（如从 PCI 第一个插槽更换到 PCI 第二个插槽）后，并没有先行卸载驱动程序，而是直接安装，会发现原来设置的 IP 地址被无端占用了，如图 14-1 所示。其处理方法是，在"设备管理器"中卸载隐藏的设备。

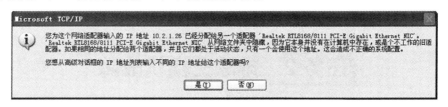

图 14-1　网卡属性

2. 网卡的参数设置错误

　　网卡的参数包括双工模式、绑定帧类型、中断号（IRQ）、I/O 端口地址范围、DMA 通道等。对于即插即用设备，Windows 自动保证这些资源的正确配置。

　　以中断号（IRQ）为例，如果网卡的总线是 PCI 或 PCI-E 总线，均可由系统自动分配中断号与 I/O 端口地址范围。而如果是比较老式的 ISA 总线网卡，当有两个设备需要相同的 IRQ 资源时，就有可能导致设备冲突。网卡的中断号可以通过重设 CMOS 参数来调整，但调整之前千万要小心，不要造成资源冲突。此外，把网卡换一个插槽，往往可以自动解决 IRQ 冲突。

图 14-2 所示为某千兆网卡的 IRQ 和 I/O 端口地址范围。

工作在同一个网络里的网卡，其全双工状态要一致，否则计算机网络连接速度会变得缓慢。图 14-3 所示为某千兆网卡的连接速度和双工状态属性。

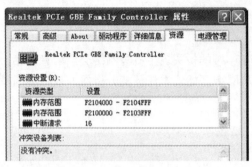

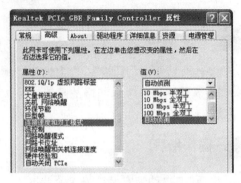

图 14-2　资源分配

图 14-3　网卡属性

网卡传输数据时，绑定帧类型要一致。帧类型定义了网络适配器向网络发送数据所使用的格式，而帧类型通常由所使用的网络协议来规定。目前，以太网的帧类型通用的是 802.3。如果帧类型不同，网卡与其他网络设备之间是不能同步工作的。

3．网卡的电气特性差或受到干扰

正常情况下，计算机开始工作时，网卡上的 Act 指示灯（有的是 Link 灯）会闪几下后熄灭，表明它与网络上的交换机或集线器已经同步，处于就绪状态。数据传输时，Data 指示灯会常亮或狂闪不停。

但信号干扰、接地干扰、电源干扰、辐射干扰会对网卡的电气特性造成破坏，导致无法同步，无法传输数据。严重时，干扰信号会串到网卡的输出端口，在进入网络后占用大量带宽，破坏其他主机的正常数据包，形成众多的帧校验错误。

关闭主机电源，并拔下插头，反复按机箱面板上的"POWER"按钮，这种方式可以把积累在主板上的静电释放掉。

按操作规程安装主板，使其接地牢靠，远离强电源或电磁干扰区。

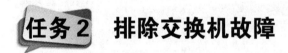

任务2　排除交换机故障

任务描述

交换机是局域网络的中心节点设备，如果它们出现了故障，与之相连的网络主机便成为一台"信息孤岛"。本任务就来分析常见的交换机故障现象。

操作指导

1．连接距离过大造成网络故障

双绞线网络的连接有一定的距离范围，当范围过大时，可通过交换机之间的级联扩大网络的传输距离。在 10Mb/s 网络中最多级联 4 级，使网络的最大传输距离达到 600m。但当网络从 10Mb/s 升级到 100Mb/s 时，就只允许两个集线器级联，而且集线器之间级联线不超过 5m，所以 100Mb/s 网络使用集线器为中心节点设备时，理论上最大传输距离为 205m。交换机也可以级联，前面在"组建对等网"的任务中已经介绍过，交换机只支持 4 级级联，理论上网络的最大传输距离可达 500m。

如果使用单模光纤作为网络的传输介质，情况就复杂了。连接距离范围与光纤的工作模式（单模或多模）有密切关系，从 550m 到 100km。

如果实际连接距离不符合上述要求，则网络将无法连接。

2. 交换机级联不正确

这种情况往往是选择的级联线错误。早期的集线器或交换机之间的级联对级联线（即直通双绞线和交叉双绞线）的选择都是有硬性规定的，不能自动识别。在"入门篇"的相关任务中已经介绍过。当设备上有 Uplink 端口时，就要小心了，级联时，只能用交叉双绞线连接一台设备的 Uplink 端口和另一台设备的普通端口，不是两个 Uplink 端口之间的连接。

比较新的设备，部分或全部端口具有 MDI/MDIX 自校准功能，可以自动区分双绞线类型，进行级联时更加方便。

但是无论如何级联，有一条根本原则，就是设备之间不能出现回环，拓扑结构必须是树状的，即满足生成树（Spanning-Tree）协议。

3. 交换机电路故障

正常工作时，交换机工作端口上的 Link/Act 指示灯都会呈现闪烁的绿灯。如果是红灯，则基本可以锁定是该端口模块电路有损坏，可更换端口模块试试。

有时候，交换机上电工作一段时间后，所有 Link/Act 指示灯都呈现静止不动的绿灯，此时，网络依然不通，交换机处于"死机"状态。关掉电源，约 1 分钟后重新上电，一般可解决问题。但是，若交换机频繁出现这样的问题，就要考虑电源模块是否已经损坏或已达使用寿命终点，建议更换交换机。

 任务 3 **排除宽带路由器和 ADSL Modem 故障**

 任务描述

企业级路由器是计算机网络中十分重要的设备，也是比较复杂的设备，一般配置好后，非管理人员不能调试。宽带路由器+ADSL Modem 在家庭用户中的应用越来越普遍，然而对于一些刚刚接触网络的新手来说，在使用中常常会出现一些说明手册中未涉及的故障，令人难以应付。

总体来说，把这些故障分成两类，即硬件故障和软件设置故障。本任务分析常见的故障现象，介绍排除故障的思路。

操作指导

1．ADSL 常见故障

1）ADSL 灯变红

现象：拨号成功后使用一段时间，突然发现网速有些慢，接着发现"ADSL"灯变红，最后网络中断。

分析：ADSL 指示灯，用于显示 Modem 的同步情况——常亮为绿灯，表示 Modem 与局端能够正常同步。红灯表示没有同步，闪动绿灯表示正在建立同步。如果在使用中出现 ADSL 指示灯变红的现象，就可能是线路上有强干扰，或线路上某个接头有松动现象，或线路存在故障。

排除措施：

（1）线路上的接头一定要接好，特别是房间内部的接头。此外，ADSL 线路上不能接分机，如果实在要接，可以使用滤波器引出。

（2）如果从分线盒内出来的电话线太长，则应将平行线换成双绞线，提高线路抗干扰能力。

（3）有时，受恶劣天气的干扰或线路本身的问题，过一会儿再重新启动并拨号就会自然恢复。

2）ADSL 灯不停闪动，或根本不亮

现象：某用户的宽带在夏天时连续几个月没有使用，上电时，ADSL 灯不停闪动，拨号时总是显示代号为"678"的错误。

分析：ADSL 闪动绿灯表示正在建立同步。若 ADSL 灯一直不停闪动，就表示试图长时间建立同步不成功，自然无法与局端设备建立信息通道。联想到夏天雷雨天较多，线路遭到雷击的可能性极大。

排除措施：将 ADSL Modem 送修，或干脆换一个新的。现在 ISP 一般会免费提供 ADSL Modem 给用户使用。

3）ADSL 拨号中遇到的错误代码

Error 678 错误，远程计算机没有响应，如图 14-4 所示。这可能是正常上网的过程中强行拔掉了线路，造成了局端设备没有正常断开，隔段时间后，才会检测到用户线路已经断开。

遇到这种情况时，等几分钟再拨号试试，或者用软件在拨号端正常断开。如果用户账户密码不正确，或者账户欠费，也将提示 Error 678 错误。

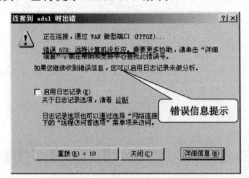

图 14-4　ADSL 拨号出错信息

Error 617 错误，拨号网络连接的设备已经断开。可能是由于 PPPoE 拨号软件没有完全和正确地安装；ISP 服务器故障；连接线或 ADSL Modem 本身等问题造成的。

Error 797 错误，ADSL Modem 连接设备没有找到。这可能是因为 Modem 没有打开电源，或者网卡和 Modem 的连接线出现故障，或者拨号程序没有绑定相关的协议等问题造成的。

Error 619 错误，与 ISP 服务器不能建立连接。这可能是因为 ISP 的 ADSL 服务器出现故障，或 ADSL 电话线出现故障等原因造成的。

2．宽带路由器常见故障

1）连线错误

正确的做法应该是用网线将路由器的 WAN 口与 ADSL Modem 连接起来，将电话线连到 ADSL Modem 的 Line 口。

2）无法登录宽带路由器 Web 管理界面

初次使用宽带路由器时，需要进行设置。必须将计算机与宽带路由器的 IP 地址设为同一个网段。以 TP-Link 为例，出厂时，它的默认管理 IP 地址为 192.168.1.1，所以也要将计算机的 IP 地址设为 192.168.1.×，之后才能进入宽带路由器的 Web 管理界面。

如果忘记了登录密码，就只能按宽带路由器前面板上的 Reset 按钮，全部恢复为出厂时的参数，但不到万不得已不要这样操作，因为已经设置好的参数都将还原。

3）无法正常拨号

如果连线正确，这种情况的主要原因在于路由器的 WAN 口设置连接类型有误。如图 14-5 所示，用户端可选动态 IP、静态 IP、PPPoE 三种方式。静态 IP 地址需要用户向 ISP 申请。ADSL 拨号上网时只能选择 PPPoE 的方式。

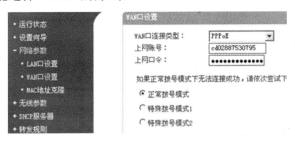

图 14-5 宽带路由器 WAN 口设置

4）上网频繁掉线

在遇到上网频繁掉线的问题时，用户应该先检查局域网内是否经常有人使用 BT 软件下载资料，在共享网络中，BT 下载是影响网速的一个重大问题。排除了使用不当这一因素，造成频繁掉线的还有以下几种可能。

（1）多台 DHCP 服务器引起 IP 地址混乱。当网络上有多台 DHCP 服务器的时候，会造成网络上的 IP 地址冲突，从而导致频繁地不定时掉线问题。

（2）遭受木马病毒攻击。造成频繁掉线的另一个主要原因，也可能是受到了木马的攻击，如果是这种情况，用户需要查看所有连接的计算机是否都感染了病毒或者木马，使用正版的杀毒软件或木马专杀工具，扫描清除掉计算机内的病毒或者木马后再上网即可。

（3）路由器的型号与 ISP 的局端设备不兼容。如果上述方法都进行了排除，那么频繁掉线可能是由于路由器和 ISP 的局端设备不兼容造成的，解决办法就只有换用其他型号的路由器或者 ADSL Modem 了。

任务4 排除 WLAN 故障

任务描述

WLAN（无线局域网）是目前使用非常广泛的网络类型。用户在使用的过程中，会出现各种各样的问题，有硬件方面的，也有软件配置方面的。本任务来介绍典型故障及其排除思路。

 操作指导

1. 浏览器无法连接网关的 Web 页面

这里的网关，可能是无线路由器，也可能是无线 AP。

首先要确定无线网卡是否已经获得 IP 地址。如果正常，则网卡的工作指示灯不闪烁。

查看网卡红色信号灯是否亮，如果该灯不亮，则表示无线网卡没有插好。重新插入一次，如果该灯仍然不亮，则表示无线网卡接口已损坏。

在有些不公开 SSID 的无线网络区域，需要检查无线网卡 SSID 和网关中的 SSID 设置是否相同。如果 SSID 设置正确，仍旧无法得到 IP，则需要检查无线网卡的密钥设置与网关设置是否一致。在网卡上查看密钥设置的步骤如图 14-6～图 14-8 所示。

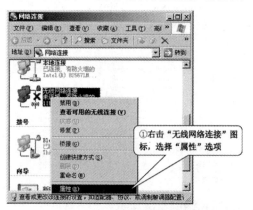

图 14-6　无线网络连接属性设置

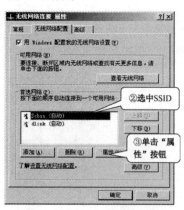

图 14-7　查看无线网络配置

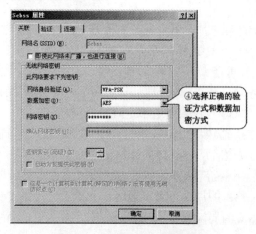

图 14-8　无线网络的密钥属性

2. 无线网络连接时断时续

这个问题在一些大型的企业网络中时有出现，可能是以下情况在影响。

（1）环境。无线网卡对于机箱内部辐射出来的电磁干扰比较敏感，以 HomeRF 格式为首，802.11b 其次。HomeRF 和 802.11b 都使用 2.4GMHz 左右的频段，因此相互之间的干扰比较严重，两个网络的数据传输速度都会大幅度降低，误码率提高。必须尽可能避开多规格无线网并存的情况，单独分开使用。

（2）信号强弱。符合 IEEE 802.11b 规范的设备都具有根据信号强弱自动调整速率的功能。假如其最高数据传输速率为 54Mb/s，但也可根据强弱把传输速率调整为 11Mb/s、5.5Mb/s、2Mb/s 和 1Mb/s。想要达到其最高速率，可以考虑调整 AP 的安装位置以及天线方向，如有必要还可以外接天线。

（3）网络终端数量。前面在安装无线 AP 硬件时，曾经提到过，尽量让每台 AP 的用户数维持在 20 个以内（理论上为 128 个）。但由于无线 AP 的背带宽并不高，因此连接到 30 个左右的用户就比较吃力了，倘若再提高用户容量，就有可能导致信号质量下降、速度变慢，产生时断时续的情况，甚至导致部分用户联网失败。

3. 无线局域网出现盲点

一般的盲点会出现在网关与 PC 之间有大量的障碍物，或者连接设备的距离过远的地方。只要改变网关设置即可。通常采取以下措施。

（1）把无线路由器或 AP 挂在机房墙壁上，并最大限度地提高安装高度，调整好终端位置。

（2）增加天线，使用外接增益天线后网络会增加连接距离，通常远距离连接的无线网络一般会选用增益很高、方向性很强的八木天线、栅格天线、抛面天线和背射天线等。而某些平板天线经特殊设计后也具有很强的方向性以及定向增益，这类天线的方向性在使用中容易被忽视。

（3）将无线路由器或无线 AP 安置在平坦的地方。

（4）将天线尽可能置于水平位置，这样信号就能穿越厚度大的障碍物。

（5）避免信号穿越金属物质。

（6）无线 AP 尽量离其他用电器远一些，至少 1～2m。

4. 无线 AP 损坏

如果网卡、安装距离都没有问题，也排除了盲点的可能，那么不得不考虑无线 AP 是否已经损坏。

如果无线客户端无法 ping 通无线 AP 的 IP 地址，那么证明无线接入点本身工作异常。将其重新启动，等待大约 5 分钟后再利用 ping 命令查看它的连接性。如果故障现象依旧，则基本上可以肯定是无线 AP 已经损坏。

任务5　处理不能访问共享文件夹的故障

任务描述

某 Windows Server 2003 用户设置了共享文件夹，要求局域网用户能通过"\\IP 地址"的方式来访问。但是局域网用户的主机上出现了如图 14-9 所示的提示信息。

图 14-9　访问共享文件夹错误

操作指导

如果本机共享了一个文件夹，其他机器不用输入账户名称和密码就能访问，必须启用要机的"匿名访问"功能。

依次选择"开始"→"程序"→"管理工具"→"计算机管理"选项，将打开"计算机管理"窗口。启用 Windows 的匿名访问功能的步骤如图 14-10 和图 14-11 所示。

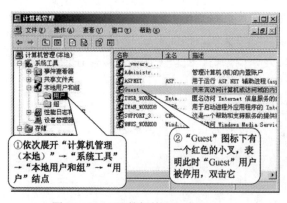

图 14-10　"计算机管理"窗口

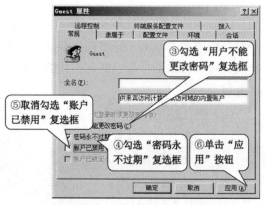

图 14-11　"Guest 属性"对话框

不过，有时候虽然启用了"Guest"账户，但如果本机的安全措施里没有指派匿名用户来访问本机的权限，则局域网用户仍然无法访问本机的共享资源，处理措施如下：运行"gpedit.msc"命令，将打开"组策略"窗口，指派用户这项权限的操作过程如图 14-12 和图 14-13 所示。

小提示：如果是 NTFS 分区下面的资源共享，则还要确保其权限设置中有"Everyone"用户组，如图 14-14 所示。

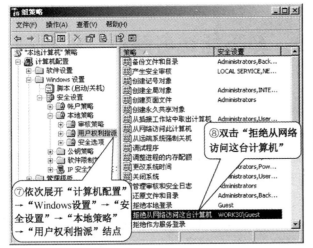

⑧双击"拒绝从网络访问这台计算机"

⑦依次展开"计算机配置" →"Windows设置"→"安全设置"→"本地策略" →"用户权利指派"结点

图 14-12　"组策略"窗口

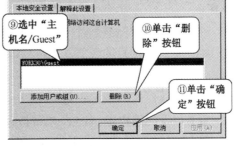

⑨选中"主机名/Guest"

⑩单击"删除"按钮

⑪单击"确定"按钮

图 14-13　"拒绝从网络访问这台计算机属性"对话框

图 14-14　Everyone 权限设置

任务拓展　处理局域网共享错误的高级方法

局域网共享资源设置以后，访问出错的提示信息五花八门，初学者往往很迷茫。例如：

① 网络不存在或尚未启动。

② 此工作组的服务器列表当前无法使用。

③ Windows 无法找到网络路径……请与网络管理员联系。

④ 登录失败：未授予用户在此计算机上的请求登录类型。

⑤ 拒绝访问。

⑥ 找不到网络路径。

除了按照本任务的操作步骤仔细检查 Guest 账户是否已经启用，以及是否被指派访问权限之外，还可以检查 Windows 服务运行状态，是否被启动，包括以下几种服务。

（1）Server 服务。如果该服务停止运行，则在本机上不能设置共享文件夹，在右键快捷菜单中没有"共享和安全"选项。

（2）Workstation 服务和 Computer 服务。如果这两个服务停止运行，那么基于工作组的共享就会出现错误提示。

此外，如果安装的防火墙从规则上禁用了 138 和 139 端口，则共享资源也不能被访问。

任务 6　处理"能上 QQ，却不能域名解析"的故障

任务描述

许多用户都曾经遇到过"能用 QQ 聊天，却不能打开网页，或者打开错误的网页"的错误，本任务列举常见的现象，分析故障出现的原因，以及解决问题的方法。

操作指导

现象 1：某用户用 ADSL 宽带拨号上网，1 个小时以前一切正常，现在发现不能打开网页，却可以使用 QQ 聊天。检查 TCP/IP 的设置，发现 IP 地址为自动获取，DNS 服务器地址也为自动获取。

用户能用 QQ 聊天，表明本机已经与 Internet 连接成功。用户访问网页一般会用域名的方式，而这需要 DNS 服务器的支持才能生效。

该用户首先用"ipconfig /all"命令，查看了本机所有连接的情况，发现本机通过拨号连接获得了 ISP 动态分配的 IP 地址、DNS 服务器地址，没有什么异常情况。

该用户用 ping 命令查看了与 DNS 服务器的连通性，发现了"Time Request Time Out"的提示信息。该用户断开宽带连接，重新拨号，故障依旧，DNS 服务器仍然 ping 不通。

这些现象表明 DNS 服务器已经断开了，不能为本机提供域名解析服务，所以不能打开网页。即 ISP 方提供的 DNS 服务器已经死机。

该用户拔掉路由器电源，在大约 1 小时后，重新拨号，发现已经能打开网页，也能使用 QQ 聊天了。于是，用户用"ipconfig /all"命令，查看了本机所有连接的情况，发现本机通过拨号连接获得了 ISP 动态分配的 IP 地址、DNS 服务器地址与 1 小时前不一样了。

结论：ISP 通过拨号连接为用户分配地址池中的 IP 地址，指定 DNS 服务器地址，有时候会遇到死机了的 DNS 服务器，但分配程序却未能及时侦测到这种情况，仍然为用户指定"错误"的 DNS 服务器，结果当然不能提供域名解析服务。

遇到这种情况时，首先用 ping 工具检测 DNS 服务器与本机的连通性。

现象 2：某用户向 ISP 申请了固定的 IP，ISP 向客户提供了 DNS 服务器地址，上网也无法打开网页。

对于用固定 IP 地址上网的用户，其 DNS 服务器地址也固定。此时若 ping 不通 DNS 服务器地址，应该是这台服务器已经死机或发生其他故障。可以大胆地用本地运营商公开的 DNS 服务器地址，甚至一些大公司提供的免费 DNS 服务器地址，如 Google 公司的 8.8.8.8、8.8.4.4，或者将它设置为"备用 DNS 服务器地址"。当然，DNS 服务器地址离用户越远，一般解析速度会变慢。

如果不知道当地服务商所用 DNS 服务器，则可以查阅本书附录 B 的内容。

现象 3：某用户用 QQ 聊天，一切正常，但是打开某网银时，出现莫名其妙的信息，如进入了恐怖、色情网站。

这是典型的 DNS 劫持现象。DNS 劫持又称域名劫持，是指在劫持的网络范围内拦截域名解析的请求，分析请求的域名，把审查范围以外的请求放行，否则返回假的 IP 地址或者什么都不做使请求失去响应，其效果就是对特定的网络无法做出反应或访问的是假网址。

如果用户用的是局域网上网，则必须用安全软件全面扫描硬盘，排除恶意程序或木马的影响。

如果用户用的是宽带路由器拨号上网，则可以尝试打开路由器的防止 DNS 劫持的功能。

项目学习评价

学习评价

本项目介绍了处理局域网硬件故障和软件故障的一些技巧，表 14-1 列出了项目学习中的重要知识和技能点，试着评价一下，查看学习效果。

表 14-1　重要知识和技能点自评

知识和技能点	学习效果评价		
掌握 ADSL 宽带上网常见故障的现象及其处理方法	□好	□一般	□较差
掌握 WLAN 常见故障的处理方法	□好	□一般	□较差
掌握网卡常见故障的处理方法	□好	□一般	□较差
掌握交换机故障现象及其处理方法	□好	□一般	□较差
会启用匿名共享	□好	□一般	□较差
能用组策略指派用户权限	□好	□一般	□较差
能分析并处理 DNS 服务器故障	□好	□一般	□较差

思考与练习

一、简答题

1. 交换机故障的常见原因有哪些？

2. ADSL Modem 常见故障现象有哪些？各有哪些处理方法？

3. WLAN 故障的常见原因有哪些？各有哪些处理方法？

4. 无法访问 NTFS 分区上创建的匿名共享的原因可能有哪些？

二、实操题

1. 开启 Windows 防火墙，在主机中设置共享文件，然后运行虚拟机，查看主机上的共享文件，说明现象产生的原因。

2. 在教师的指导下，禁用 Windows 的 Workstation 服务和 Computer 服务，看共享后出现的错误提示信息。

3. 上网查询当地公开的 DNS 服务器地址有哪些，在自己的机器上测试效果。

项目 15

使用网络工具软件

"爱 ping 才会赢。"IT 部门的老员工经常这样对小张说。

"为什么呢？"小张大为不解。

"操作系统的多样性，参数错误设置，病毒木马的攻击，以及防火墙设置策略不当……这些都有可能导致网络故障现象产生。网络工具可以让你迅速找到故障的根源。"

"哦……"小张记得自己的嘴巴张大成了一个大大的"O"形。

 项目背景

局域网在使用过程中，会遇到各种各样的故障。掌握一些网络工具的使用方法，可以帮助用户分析故障成因，找到解决问题的办法。

在众多网络工具中，最为常用的莫过于 ping 了。但在结构异常复杂的网络中，光靠 ping 工具是不够的，网络管理员需要找到故障到底出现在哪个节点上、哪个服务上，甚至哪个软件上。如果本机不能上网，则需要检查是否有被网关欺骗的情况发生。

 项目描述

本项目介绍用 ping 工具如何测试网络连通性，用 tracert 工具跟踪网络路由，用 netstat 工具检查打开了哪些服务端口，以用 ARP 工具检查本机 MAC 地址缓存。掌握这些工具是网络管理员的"必修课"，学会了它，将大大提高排除网络故障的效率。

任务 1　用 ping 命令测试网络连通性

任务描述

在网络中 ping 是一个十分好用的 TCP/IP 工具。它的主要功能是检测网络的连通情况和分析网络速度。

作为一个生活在网络上的管理员或者黑客来说，ping 命令是第一个必须掌握的 DOS 命令，它原理是这样的：利用网络上机器 IP 地址的唯一性，给目标 IP 地址发送一个"Internet 控制消息协议（ICMP）回响请求"数据包，再要求对方返回一个同样大小的数据包来确定两台机器是否连通，时延是多少。

本任务就用 ping 命令来测试本机与网内另外三台主机的通/断情况。

 任务准备

准备位于同一个网段内的主机一台，能连接到 Internet，并且向老师询问当地 ISP 的 DNS 服务器 IP 地址。

ping 命令是一个网络管理人员十分注重的工具，有必要详细了解它。

在命令提示符下输入"ping /?"，系统会显示命令的用法，如图 15-1 所示。运行命令后输出的是全英文，表 15-1 显示的是常用参数的中文含义。

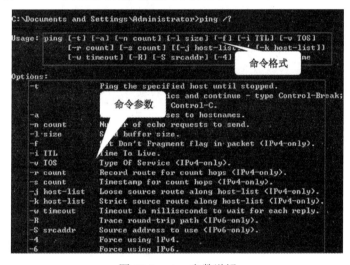

图 15-1　ping 参数详解

表 15-1　ping 参数中文详解

参　　数	含　　义
-t	ping 指定的计算机直到中断
-a	将地址解析为计算机名
-n count	发送 count 指定的 ECHO 数据包数。默认值为 4
-l size	发送缓冲区大小。默认为 32 字节，最大值是 65527 字节
-i TTL	将"生存时间"字段设置为 TTL 指定的值
-v TOS	将"服务类型"字段设置为 TOS 指定的值（IPv4）
-r count	在"记录路由"字段中记录传出和返回数据包的路由。count 可以指定最少 1 台，最多 9 台计算机
-s count	指定 count 指定的跃点数的时间戳
-w timeout	指定超时间隔，单位为毫秒

操作指导

1. 检测本机网卡及 TCP/IP 协议安装配置情况

图 15-2 所示为网卡及 TCP/IP 协议安装正常的情况，"bytes=32" 表示 ICMP 报文中有 32 个字节的测试数据；"time<1ms" 是往返时间；"TTL=128" 表示对方系统使用了 Windows 2000 /NT 内核。对方系统不同，TTL 值也不同。

图 15-2 ping 本机网卡结果

2. 检测本机与其他主机的通/断性、连接速度等

假如与本机在同一个网段内有 IP 地址为 "192.168.0.233" 的主机，如图 15-3 所示，进行检测。"time<1ms" 是往返时间，此时局域网网内访问速度是比较快的。

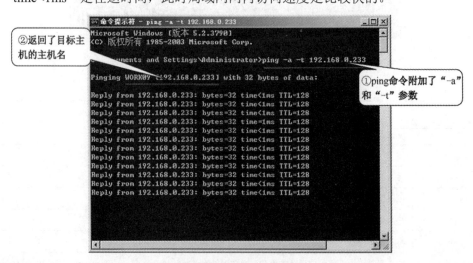

图 15-3 ping 其他主机

小提示：这里输入 ping 命令时，附加了两个参数——"-a" 表示要求返回目标主机的主机名；"-t" 表示持续地 ping 目标主机，直到用户终止（按 Ctrl+C 组合键）。

如果检测界面如图 15-4 所示，有提示信息 "Request timed out（请求超时）"，则表明目标主机已经无法连通（可能已经关机、拔掉网线，或目标主机的防火墙不允许 ping 本机）。

图 15-4 "请求超时"信息提示

3. 检测本机连接 Internet 的速度

有的时候，用户感觉上网速度很慢，但又找不出具体原因，此时可以用 ping 工具来查看本机与 ISP 的 DNS 服务器的连接情况。四川地区电信用户的 DNS 服务器 IP 地址为"61.139.2.69"。执行"ping 61.139.2.69-t"命令后的界面如图 15-5 所示。

图 15-5 ping 本地 DNS 服务器

 小提示：ping 命令执行后，有时候会返回 "Destination Host Unreachable（目标主机无法达到）"信息，这里要说明它和 "Request timed out" 的区别。如果所经过的路由器的路由表中具有到达目标的路由，而目标因为其他原因不可到达，就会出现 "Request timed out"；如果路由表中连到达目标的路由都没有，就会出现 "Destination Host Unreachable"。如果网关 IP 地址错误，也会提示 "Destination Host Unreachable"。

任务拓展 ping 命令的副作用及其禁止方法

ping 命令的原理是本机向目标主机发送数据包，并且要求对方返回相同大小的数据包。如果某台主机同时接受了 10 台客户机的 ping 命令请求，每个请求的数据包大小是 65527 字节，那么这台主机被迫以 65527 字节的数据大小回应，疲于应付，无法处理其他请求，几分钟以后，它的网络就将瘫痪。所以 ping 命令不可滥用。

但是网络上有些用户不怀好意地试图 ping 死服务器，该如何预防呢？只要启动 Windows 防火墙，并适当修改 ICMP 协议属性即可。

现在请尝试修改本机的 Windows 防火墙设置，取消 ICMP 协议的"允许传入回显请求""允许传入时间戳请求""允许传入掩码请求"、"允许传入路由器请求"。再在其他机器上运行 ping 命令，查看效果如何。

任务 2 用 tracert 命令跟踪网络路由

任务描述

有时候用户可以打开一些网站，但无法打开另外一些网站。这是什么原因呢？我们知道，由于网段的限制以及安全方面的原因，网络上的一些服务器并不能被直接访问，需要通过路由器来将客户 IP 数据报通过特定的路径转发给服务器。有的客户 IP 数据报需要经过多个路由器的层层"接力"，最终才能到达目标服务器。中间如果有路由器出现了故障，那么 IP 数据报转发的路径就断了。

tracert（跟踪路由）是路由跟踪实用程序，用于确定 IP 数据报访问目标所采取的路径。tracert 命令用 IP 生存时间（TTL）字段和 ICMP 错误消息来确定从一台主机到网络上其他主机的路由。

本任务跟踪两台主机（不在一个网段内）的路由，看连接是否正常。

任务准备

（1）两台主机（建议采用多个虚拟机），IP 地址分别设为 192.168.0.243/24（本机）和 172.16.0.99/18（目标主机）。其网关分别设置为 192.168.0.1，172.16.0.1。拓扑图如图 15-6 所示。

（2）两个路由器 R1 和 R2，其相连接口 IP 地址分别为 10.0.0.1，10.0.0.2。需先在 R1 上设置静态路由指令：来自 192.168.0.243 发往 172.16.0.99 的数据包，由 10.0.0.2 转发。

（3）知识准备：tracert 命令的基本格式如下

```
tracert [-d] [-h maximum_hops] [-j host-list] [-w timeout] target_name
```

在命令提示符下输入"tracert /?"，系统会显示命令的用法。运行命令后输出的是全英文，表 15-2 显示的是常用参数的中文含义。

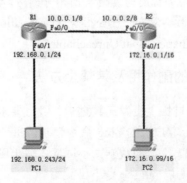

图 15-6 tracert 命令拓扑图

表 15-2 tracert 命令详解

参　　数	含　　义
-d	阻止将中间路由器 IP 地址解析为其名称
-h MaximumHops	指定跃点数以跟踪到称为 target_name 的主机的路由。默认值为 30 个跃点
-j HostList	指定 tracert 实用程序数据包所采用路径中的路由器接口列表
-w Timeout	指定等待"Request timed out"的时间（以毫秒为单位）。如果超过时间未收到消息，则显示一个星号（*）。默认的超时时间为 4s

 操作指导

1. 用 tracert 命令跟踪路由

在 192.168.0.243/24（本机）上依次选择"开始"→"程序"→"附件"→"命令提示符"选项，跟踪主机 PC2 的过程如图 15-7 所示。

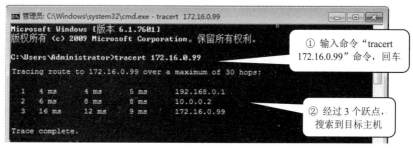

图 15-7 跟踪"172.16.0.99"路由

从图 15-7 中可以看出从源主机到目标主机经过了 3 跳，其中的 1、2、3 代表第几跳，也就是路由器。第 2 跳"2 6ms 8ms 8ms 10.0.0.2"的意思是：第 2 个路由器地址是 10.0.0.2，最小延时 6ms 平均延时 8ms 最大延 8ms。

启动路由器 R2 上的防火墙，并禁用 ICMP，再次跟踪"172.16.0.99"的过程如图 15-8 所示。

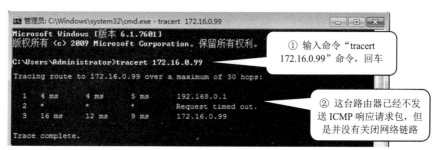

图 15-8 再次跟踪"172.16.0.99"路由

2. 用 tracert 命令定位故障

在 192.168.0.243/24（本机）上重新依次选择"开始"→"程序"→"附件"→"命令提示符"选项，输入"tracert 192.168.0.99"命令，按 Enter 键后，打开如图 15-9 所示窗口。

从图 15-9 中分析得出，前两个节点成功回应该请求，从第三个节点开始出现"Request Time Out"。这可能目标主机没有设置默认网关，或是目标 IP 地址不存在（错误的 IP 地址）。

图 15-9　用 tracert 命令定位故障

小提示：tracert 实用程序对于解决大网络问题非常有用。通过定位故障点，发现断网的目标主机往往只有一条路径可达。如果有多台路由器，则可以为目标主机多设几条路由信息。

任务3　用 netstat 工具查看服务端口

任务描述

计算机与网络上的其他计算机建立连接，是通过打开对方端口的方式来实现的。有的计算机被木马控制，是因为在不知不觉中打开了服务的端口，被远程机器操控了。

本任务就用 netstat 工具查看服务器究竟打开了哪些端口。

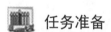任务准备

（1）一台 Windows XP/2003 服务器（IP 地址为 10.2.1.26/24），已经配置了端口号为 80 和 8000 的 Web 服务，也可以是其他服务的端口。

（2）netstat 工具的命令参数含义如表 15-3 所示。

表 15-3　netstat 命令详解

参　　数	含　　义
-a	显示所有连接和监听端口，包括已建立的连接（ESTABLISHED），也包括监听连接请求（LISTENING）的那些连接
-n	以数字形式显示地址和端口号
-b	显示包含于创建每个连接或监听端口的可执行组件
-s	显示按协议统计信息。默认的，显示 IP、IPv6、ICMP、ICMPv6、TCP、TCPv6、UDP 和 UDPv6 的统计信息；如果应用程序（如 Web 浏览器）运行速度比较慢，或者不能显示 Web 页之类的数据，那么可以用本选项来查看所显示的信息。需要仔细查看统计数据的各行，找到出错的关键字，进而确定问题所在

操作指导

1. 以数字形式显示正在活动的网络连接信息

（1）在命令提示符下输入命令"netstat　-n"，按 Enter 键，结果如图 15-10 所示。该图中，Proto 列表示活动的协议类型，Local Address 列表示本地地址和响应端口号，Foreign Address 列表示连接本地响应端口的对端主机地址和端口号，State 列表示连接的状态。

```
C:\WINDOWS\system32\cmd.exe

C:\Documents and Settings\Administrator>netstat -n

Active Connections

  Proto  Local Address          Foreign Address        State
  TCP    10.2.1.26:1039         92.51.156.76:5938      ESTABLISHED
  TCP    10.2.1.26:1385         111.206.81.72:80       ESTABLISHED
  TCP    10.2.1.26:2399         23.42.179.51:80        CLOSE_WAIT
  TCP    10.2.1.26:4568         203.208.48.141:80      ESTABLISHED
  TCP    10.2.1.26:4573         203.208.48.141:80      CLOSE_WAIT
  TCP    10.2.1.26:4577         203.208.48.141:80      CLOSE_WAIT
  TCP    10.2.1.26:4635         10.9.1.243:3389        ESTABLISHED
  TCP    127.0.0.1:1025         127.0.0.1:1026         ESTABLISHED
  TCP    127.0.0.1:1026         127.0.0.1:1025         ESTABLISHED
  TCP    127.0.0.1:1040         127.0.0.1:1041         ESTABLISHED
  TCP    127.0.0.1:1041         127.0.0.1:1040         ESTABLISHED
  TCP    127.0.0.1:1042         127.0.0.1:5939         ESTABLISHED
  TCP    127.0.0.1:2401         127.0.0.1:2402         ESTABLISHED
  TCP    127.0.0.1:2402         127.0.0.1:2401         ESTABLISHED
  TCP    127.0.0.1:4597         127.0.0.1:4598         ESTABLISHED
  TCP    127.0.0.1:4598         127.0.0.1:4597         ESTABLISHED
  TCP    127.0.0.1:5939         127.0.0.1:1042         ESTABLISHED

C:\Documents and Settings\Administrator>
```

图 15-10　用数字形式显示活动连接信息 1

（2）启动端口为 8000 的 Web 网站，并用远程机器（IP 地址为 10.9.1.243）来访问该网站。在服务器上重新输入命令"netstat　-n"，按 Enter 键，结果如图 15-11 所示。

```
C:\WINDOWS\system32\cmd.exe

C:\Documents and Settings\Administrator>netstat -n

Active Connections

  Proto  Local Address          Foreign Address        State
  TCP    10.2.1.26:1039         92.51.156.76:5938      ESTABLISHED
  TCP    10.2.1.26:1385         111.206.81.72:80       ESTABLISHED
  TCP    10.2.1.26:2399         23.42.179.51:80        CLOSE_WAIT
  TCP    10.2.1.26:4568         203.208.48.141:80      ESTABLISHED
  TCP    10.2.1.26:4573         203.208.48.141:80      CLOSE_WAIT
  TCP    10.2.1.26:4577         203.208.48.141:80      CLOSE_WAIT
  TCP    10.2.1.26:4670         10.9.1.243:3389        ESTABLISHED
  TCP    10.9.1.26:3919         10.9.1.243:3919        FIN_WAIT_2
  ..1.26:8000                   10.9.1.243:3920        FIN_WAIT_2
  TCP    10.2.1.26:8000         10.9.1.243:3921        FIN_WAIT_2
  TCP    10.2.1.26:8000         10.9.1.243:3922        FIN_WAIT_2
  TCP    10.2.1.26:8000         10.9.1.243:3923        FIN_WAIT_2
  TCP    10.2.1.26:8000         10.9.1.243:3924        FIN_WAIT_2
  TCP    127.0.0.1:1025         127.0.0.1:1026         ESTABLISHED
  TCP    127.0.0.1:1026         127.0.0.1:1025         ESTABLISHED
  TCP    127.0.0.1:1040         127.0.0.1:1041         ESTABLISHED
  TCP    127.0.0.1:1041         127.0.0.1:1040         ESTABLISHED
  TCP    127.0.0.1:1042         127.0.0.1:5939         ESTABLISHED
  TCP    127.0.0.1:2401         127.0.0.1:2402         ESTABLISHED
```

> 新活动连接，建立在IP地址为10.2.1.26、响应端口为8000的网卡上

图 15-11　用数字形式显示活动连接信息 2

2. 以数字形式显示所有连接的信息

有些服务程序当前处于侦听状态，也就是说该端口是开放的，在等待连接，但还没有被连接，此时需要运行"netstat -an"命令来查看，结果如图 15-12 所示。

图 15-12　用数字形式显示所有连接信息

小提示：端口状态详解如下。

（1）LISTENING 表示处于侦听状态，也就是说该端口是开放的，在等待连接，但还没有被连接。

（2）ESTABLISHED 表示已建立连接，两台计算机正在通信。处于 ESTABLISHED 状态的连接一定要格外注意审查，因为它也许不是正常连接。

（3）TIME-WAIT 状态：表示已经结束连接，说明某端口曾经有过访问，但访问结束了。

 任务4　验证 ARP 网关欺骗

 任务描述

为了防止局域网内用户过多地占用资源，网络管理员会用"网络执法官"之类的程序加以限制。这其实是 ARP 协议的一种应用。

本任务用 ARP 工具来查看地址表项，并进而添加一条信息，假扮成网关，以达到欺骗主机的目的。

任务准备

（1）知识准备。

ARP（Address Resolution Protocol）即地址解析协议。OSI 网络模型规定，七层之中的每一层都不直接交互，只通过接口来进行交互。众所周知，IP 地址在第三层，MAC 地址在第二层。所以，IP 协议在发送数据包时，要先封装第三层的 IP 地址和第二层的 MAC 地址作为报头，但协议只知道目的节点的 IP 地址，不知道其 MAC 地址，又不能跨第二、三层，所以要用 ARP 协议来实现。

例如，在主机 A 不知道主机 B 的 MAC 地址的情况下，主机 A 会广播一个 ARP 请求包，请求包中填有主机 B 的 IP，以太网中的所有计算机都会接收这个请求，而正常的情况下只有主机 B 会给出 ARP 应答包，包中填充了主机 B 的 MAC 地址，并回复给主机 A。主机 A 得到 ARP 应答后，将主机 B 的 MAC 地址放入本机缓存表，便于下次使用。它的工作原理如图 15-13 所示。

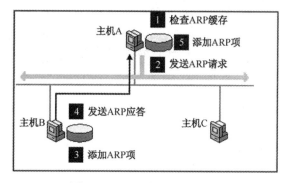

图 15-13　ARP 协议工作原理

如果主机查到本机 MAC 缓存表中有对应 IP 地址的信息，就不发送 ARP 请求。

本机 MAC 缓存表是有生存期的，生存期结束后，将再次重复上面的过程。

ARP 协议并不只在发送了 ARP 请求后才接收 ARP 应答。只要计算机接收到 ARP 应答数据包，就会对本地的 ARP 缓存表进行更新，将应答中的 IP 和 MAC 地址存储在 ARP 缓存表中。假如网络中有主机冒充网关的 MAC 地址来发送报文，则该网络内所有主机的 ARP 缓存表将多一条带欺骗性质的条目，它使得本机无法连接到外部网络（因为网关已经被篡改），这就是 ARP 欺骗的原理。

所以，ARP 缓存表中包含一个或多个表，它们用于存储 IP 地址及其经过解析的 MAC 地址。

（2）安装有 Windows Server 2008 或 Windows 7 的主机一台，若在 Windows XP/2003 的主机上做测试，显示的信息会没有那么全面。

（3）ARP 工具有三个主要参数，其 ARP 命令详解如表 15-4 所示。

表 15-4　ARP 命令详解

参　数	含　义
-a	显示所有的 ARP 缓存表项
-d　ipaddr	删除 ipaddr 所代表的 IP 地址缓存表项
-s　ipaddr macaddr	添加静态表项，使 ipaddr 所代表的 IP 地址和 macaddr 所代表的 MAC 地址绑定

 操作指导

1. 显示 ARP 缓存中的 MAC 地址信息

当主机与 Internet 的连接正常时，在命令提示符下运行命令"ARP -a"，将会显示所有接口当前的 ARP 缓存表，如图 15-14 所示。

图中的动态表项（Dynamic）指随时间推移自动添加和删除；静态表项（Static）指一直存在，直到人为删除或重新启动。

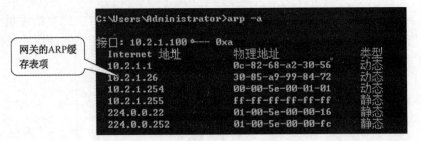

图 15-14　查看接口当前 ARP 缓存表

2. 删除 ARP 缓存中的网关信息

在命令提示符下运行命令"ARP　-d 10.2.1.254"，删除有关网关地址的表项，再用命令"ARP　-a"显示缓存，过程如图 15-15 所示。

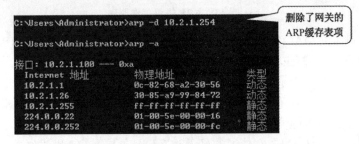

图 15-15　删除 ARP 缓存中的网关信息

此时，已经删除了网关的条目，但主机仍可访问 Internet，因为它向默认网关发送了请求，成功后，将被再次动态更新。

3. 篡改 ARP 缓存中的网关信息

如果在 Windows XP/2003 系统下，则在命令提示符下运行命令"ARP　-s 10.2.1.254 00-00-5e-00-01-02"后，将使网关 IP 地址 10.2.1.254 和 MAC 地址 00-00-5e-00-01-02 静态绑定。操作过程如图 15-16 所示。此时，此 PC 已经无法连接到 Internet 了。

```
C:\Documents and Settings\Administrator>arp -s 10.2.1.254 00-00-5e-00-01-02

C:\Documents and Settings\Administrator>arp -a

Interface: 10.2.1.26 --- 0x4
  Internet Address      Physical Address      Type
  10.2.1.254            00-00-5e-00-01-02      static
```

图 15-16　篡改网关地址

如果是在 Windows 7/2008 系统下，则分三步实施，过程如图 15-17 所示。此时，此 PC 已经无法连接到 Internet 了。

小提示：做完验证后，需要删除错误的 ARP 表项，运行"arp　–d　10.2.1.254"命令即可。

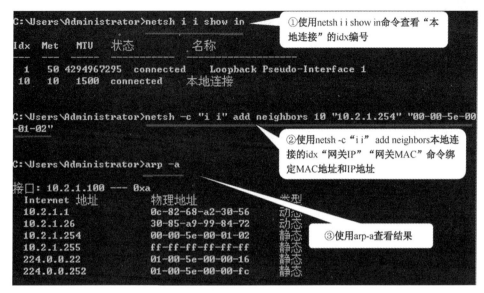

图 15-17 Windows 7/2008 系统中添加静态表项并篡改网关地址

项目学习评价

学习评价

本项目介绍了常用网络工具的一些用法。表 15-5 显示了学习过程中涉及的一些重要技能和知识点，试填表格，评价自己的学习情况。

表 15-5 重要知识和技能点自评

知识和技能点	学习效果评价		
会用 ping 工具测试本机 TCP/IP 协议配置情况	□好	□一般	□较差
会用 ping 工具测试本机与 Internet 连接快慢情况	□好	□一般	□较差
会用 ping 工具测试与其他主机的连通性			
会用 tracert 工具查看网络路由信息	□好	□一般	□较差
会用 tracert 工具定位网络故障位置	□好	□一般	□较差
会用 netstat 工具查看活动的网络连接情况	□好	□一般	□较差
会用 netstat 工具查看所有网络连接情况	□好	□一般	□较差
会用 ARP 工具查看静态和动态的缓存信息	□好	□一般	□较差
会删除和添加静态 ARP 缓存信息	□好	□一般	□较差

思考与练习

实操题

1. 利用 ping 工具查看 VMware 虚拟机与主机的连通性。

2．找一台能上网的计算机，运行 tracert 命令，查看连接到 www.baidu.com 服务器的路由情况。

3．在 VMware 虚拟服务器中，先配置 FTP 站点，再查看该机打开了哪些服务端口，哪些服务在端口上侦听，哪些服务端口已经建立了连接。

4．找到一台虚拟机，删除所有的 ARP 缓存信息，看能不能连接到 Internet 上。再篡改网关的 MAC 地址信息，看能不能连接到 Internet 上。

附录 A

锐捷交换机常用命令

锐捷三层交换机 S3550、S3760 系列，二层交换机 S2328 系列命令与下面列出的命令可能有细微差别，使用时，请查阅产品说明书。

1．基本操作命令

命 令	描 述
configure terminal	进入全局配置模式
disable	返回用户模式
enable	进入特权模式
end	返回特权模式
exit	退出当前模式
ping	对指定的地址进行 ping 操作
reload	重新启动交换机
show running-config	查看运行配置文件
show startup-config	查看启动配置文件
telnet	远程登录其他设备

2．基本系统管理命令

命 令	描 述
clock set	设置系统时钟
copy	复制或传输配置文件
enable password	配置特权密码
enable secret	配置安全加密的特权密码
enable service	开启/禁止 Telnet 等服务功能
hostname	配置主机名
prompt	配置系统命令提示符
write	保存/显示配置文件

3. 线路配置命令

命　令	描　述
exec-timeout	配置 Console 或 Telnet 的超时时间
history	开启/关闭命令历史保存功能
history size	设置可保存命令的最大条数
line console	进入串口线路配置模式
line vty	进入远程登录线路配置模式
login	开启/关闭登录认证功能
password	配置登录口令
show line	查看线路信息
speed (Console)	配置终端设备速率

4. 文件系统操作命令

命　令	描　述
cd	切换目录
cp	复制文件
ls	显示当前目录下的信息
mkdir	在 Flash 中创建一个空目录
mv	移动文件
pwd	查看当前工作路径
rm	移除 Flash 中的文件
rmdir	移除 Flash 中的空目录

5. 物理接口配置命令

命　令	描　述
description	配置接口描述
duplex	配置接口双工模式
interface fastethernet	指定一个 FastEthernet 接口
interface gigabitethernet	指定一个 GigabitEthernet 接口
interface aggregateport	创建或访问一个聚合链路接口
interface vlan	创建或访问一个动态交换虚拟接口
interface range	指定一定范围的一组接口
ip address	配置接口的 IP 地址和子网掩码
shutdown	打开/关闭接口
speed	配置接口速率
switchport mode	指定二层接口模式
switchport access	将一个端口设置为 access port
switchport trunk	配置 Trunk 口的许可 VLAN 列表
switchport protected	将接口设为保护接口

6. VLAN 和 SVI 接口配置命令

命　　令	描　　述
description	配置接口描述
interface vlan	指定一个 VLAN 或 SVI 接口
ip address	配置接口的 IP 地址和子网掩码
name	配置 VLAN 的名称
shutdown	打开/关闭接口
switchport access	配置接口所属 VLAN
switchport mode	转换 Access/Trunk 口
vlan	创建 VLAN

7. Aggregate 接口配置命令

命　　令	描　　述
Description	配置接口描述
interface aggregateport	创建或访问一个 Aggregate 接口
ip address	配置接口的 IP 地址和子网掩码
port-group	配置 Aggregate 接口成员
shutdown	打开/关闭接口
switchport	转换 2 层/3 层接口

8. 路由配置命令

命　　令	描　　述
ip default-gateway	配置默认网关
ip route	配置静态路由
ip routing	开启/关闭 IP 路由
show ip route	查看路由表

9. RIP 协议配置命令

命　　令	描　　述
default-metric	设置 RIP 的默认跳数
ip rip receive version	设置接口上的 RIP 接收版本
ip rip send version	设置接口上的 RIP 发送版本
neighbor	配置 RIP 的邻居路由器
network (RIP)	设置 RIP 协议范围
router rip	开启 RIP 协议
timers basic	设置 RIP 的定时器
version	设置 RIP 的版本
show ip protocols	查看路由协议信息
show ip route	查看路由表

10．OSPF 协议配置命令

命　　令	描　　述
network (OSPF)	设置 OSPF 协议范围
router ospf	开启 OSPF 协议
show ip protocols	查看路由协议信息
show ip route	查看路由表

11．DHCP 代理配置命令

命　　令	描　　述
ip helper-address	配置 DHCP 服务器的 IP 地址
service dhcp	打开/关闭 DHCP 代理

12．接口风暴控制配置命令

命　　令	描　　述
storm-control broadcast	开启广播风暴的控制功能
storm-control multicast	开启组播风暴的控制功能
storm-control unicast	开启未知名单播风暴的控制功能

国内常用的 DNS 服务器地址

以下为全国部分电信用户的 DNS 服务器地址，可使用 nslookup 工具解析出相应的 DNS 服务器的 FQDN。

地区	DNS 服务器地址
中国香港	205.252.144.228，208.151.69.65， 202.181.202.140，202.181.224.2
中国澳门	202.175.3.8，202.175.3.3
中国台湾	168.95.192.1，168.95.1.1
北京	202.96.199.133，202.96.0.133，202.106.0.20，202.106.148.1，202.97.16.195，202.138.96.2
深圳	202.96.134.133，202.96.154.15
广州	61.144.56.100，61.144.56.101
广东	202.96.128.86，202.96.128.143
上海	202.96.199.132，202.96.199.133，202.96.209.5，202.96.209.133
天津	202.99.96.68，202.99.104.68
广西	202.96.128.68，202.103.224.68，202.103.225.68
河南	202.102.227.68，202.102.245.12，202.102.224.68
河北	202.99.160.68
福建	202.101.98.54，202.101.98.55
厦门	202.101.103.55，202.101.103.54
湖南	202.103.0.68，202.103.96.68，202.103.96.112
湖北	202.103.0.68，202.103.0.117，202.103.24.68
江苏	202.102.15.162，202.102.29.3，202.102.13.141，202.102.24.35
浙江	202.96.102.3，202.96.96.68，202.96.104.18
陕西	202.100.13.11，202.100.4.16，202.100.4.15，202.100.0.68
山东	202.102.154.3，202.102.152.3，202.102.128.68，202.102.134.68

续表

地区	DNS 服务器地址
山西	202.99.192.68，202.99.198.6
四川	202.98.96.68，61.139.2.69
重庆	61.128.128.68
成都	202.98.96.68，202.98.96.69
辽宁	202.98.0.68，202.96.75.68，202.96.75.64，202.96.69.38，202.96.86.18，202.96.86.24
安徽	202.102.192.68，202.102.199.68，10.89.64.5
吉林	202.98.5.68，202.98.14.18，202.98.14.19
江西	202.101.224.68，202.109.129.2，202.101.240.36
新疆	61.128.97.74，61.128.97.73
贵州	202.98.192.68，10.157.2.15
云南	202.98.96.68，202.98.160.68
黑龙江	202.97.229.133，202.97.224.68，219.150.32.132
海南	202.100.192.68，202.100.199.8
宁夏	202.100.0.68，202.100.96.68
甘肃	202.100.72.13
内蒙古	202.99.224.68
青海	202.100.128.68

参 考 文 献

[1] 温晞. 网络综合布线技术. 北京：电子工业出版社，2010.

[2] 孙印杰. 新世纪小型网组建与应用教程. 北京：电子工业出版社，2009.

[3] 中华人民共和国住房和城乡建设部，中华人民共和国国家质量监督检验检疫局. GB 50311
—2016. 综合布线系统工程设计规范. 北京：中国计划出版社，2016.

反侵权盗版声明

电子工业出版社依法对本作品享有专有出版权。任何未经权利人书面许可，复制、销售或通过信息网络传播本作品的行为；歪曲、篡改、剽窃本作品的行为，均违反《中华人民共和国著作权法》，其行为人应承担相应的民事责任和行政责任，构成犯罪的，将被依法追究刑事责任。

为了维护市场秩序，保护权利人的合法权益，我社将依法查处和打击侵权盗版的单位和个人。欢迎社会各界人士积极举报侵权盗版行为，本社将奖励举报有功人员，并保证举报人的信息不被泄露。

举报电话：（010）88254396；（010）88258888

传　　真：（010）88254397

E-mail：　dbqq@phei.com.cn

通信地址：北京市万寿路 173 信箱

　　　　　电子工业出版社总编办公室

邮　　编：100036